21世纪高等学校数字媒体艺术专业系列教材

Maya
三维建模技法从入门到实战 微课视频版

周京来 ◎ 著

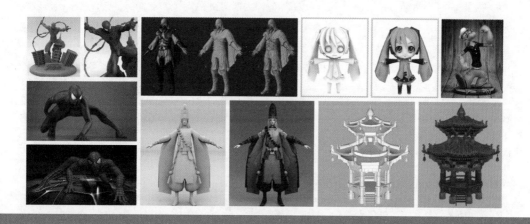

清华大学出版社

北京

内 容 简 介

本书从 Maya 软件的基础操作和基础建模开始讲起，从入门到实战，融入作者十多年的企业项目制作经验和高校教学经验，以实用技能为核心，将建模技术的理论知识和真实企业三维建模的实践案例紧密结合。

本书内容由浅入深，以案例分析、命令应用、制作思路、案例步骤、课后习题进行划分，层次分明，步骤清晰，内容通俗易懂。全书通过 9 个综合建模案例详细讲解 Maya 建模应用的思路、方法和技巧，案例涵盖基础建模、道具建模、场景建模、卡通角色建模、Q 版角色建模和游戏角色建模 6 大建模应用类型，为读者全面剖析游戏道具建模、场景建模、卡通角色建模、Q 版角色建模和游戏角色建模的制作，力求让读者能够快速将所学内容运用到实际工作中。

本书提供了 PPT 课件、教学大纲、素材文件、案例工程文件，同时还提供了案例制作的微课视频（786 分钟，48 个），获取方式见前言。

本书可作为高等院校数字媒体、三维动画、影视广告、游戏制作和工业产品造型等相关专业的教材，也可供游戏建模制作人员参考使用，还可作为三维动画培训班的培训教材。

图书在版编目（CIP）数据

Maya 三维建模技法从入门到实战：微课视频版/周京来著.—北京：清华大学出版社，2021.9
（2024.1 重印）
21 世纪高等学校数字媒体艺术专业系列教材
ISBN 978-7-302-58470-4

Ⅰ．①M… Ⅱ．①周… Ⅲ．①三维动画软件－高等学校－教材 Ⅳ．①TP391.41

中国版本图书馆 CIP 数据核字(2021)第 121840 号

责任编辑：刘　星
封面设计：刘　键
责任校对：焦丽丽
责任印制：沈　露

出版发行：清华大学出版社
　　　网　　址：https://www.tup.com.cn,https://www.wqxuetang.com
　　　地　　址：北京清华大学学研大厦 A 座　　　邮　编：100084
　　　社 总 机：010-83470000　　　　　　　　　邮　购：010-62786544
　　　投稿与读者服务：010-62776969，c-service@tup.tsinghua.edu.cn
　　　质量反馈：010-62772015，zhiliang@tup.tsinghua.edu.cn
　　　课件下载：https://www.tup.com.cn，010-83470236
印 装 者：三河市龙大印装有限公司
经　　销：全国新华书店
开　　本：185mm×260mm　　印　张：19.5　　　　字　　数：478 千字
版　　次：2021 年 10 月第 1 版　　　　　　　　　印　　次：2024 年 1 月第 5 次印刷
印　　数：8501～10500
定　　价：99.00 元

产品编号：091929-01

一、为什么要写本书

"三维建模"是高等院校动画专业或数字媒体专业中重要的专业课程之一,也是游戏设计、三维动画制作行业中重要的工作岗位之一。三维建模是三维动画项目制作的基础,三维模型的好坏直接影响到三维动画项目制作流程中材质贴图和角色动画这两个环节,所以三维建模至关重要,可以说三维建模是从事 CG(计算机动画)行业的基石,是三维动画制作人员必须掌握的一门重要专业技术。在高等院校开设本课程要本着"因材施教"的教育原则,把实践环节与理论环节相结合,由易到难,深入浅出,逐步展开知识点,以掌握实用技术为原则,以提高动画专业教育为目标。

时光荏苒,岁月如梭。作者从毕业到现在一直工作在第一线,希望把多年来在三维动画项目制作中积累的经验和技巧,以及在高等院校教学中积累的教学经验分享给大家,将三维建模技术与建模流程呈现在读者面前。"授人以鱼不如授人以渔",让读者快速、有效地掌握实用的专业技能,成为社会技术应用型人才,是作者编写本书的初衷。希望本书能给广大读者带来实实在在的帮助,提高他们的专业技能,成为他们在三维制作道路上的"领路人"。

二、内容特色

1. 零基础入门

本书从零基础入门,帮助毫无三维软件使用基础的读者,快速入门三维建模制作领域,在短时间内让其掌握成熟的三维制作技法。从零基础到中高级建模,制作技法讲解循序渐进,案例全部提供视频化讲解,非常适合初中级用户快速、有效、系统地学习 Maya 的三维建模技术。

2. 理论与实践相结合

本书以提高读者三维建模技术为宗旨,坚持理论与实践相结合,强调实践性、应用性和技术性,以培养现代技术的应用者、实施者和实现者为目标。本书作者有十多年丰富的工作经验,案例来自实践,注重实战,教材内容突出技术应用,做到与职业标准、岗位要求的有机衔接,使教材更加实用。为了更加生动地诠释知识要点,本书案例配备了大量新颖的图片,以提升读者的兴趣,加深对相关理论的理解。在文字叙述上,本书摒弃了枯燥的平铺直叙,采用案例教学法与项目案例引导方式;同时,还增加了"提示"和"专业术语"板块,彰显了本书以读者为本的人性化特点。

3. 实用技能为核心

本书案例的选取从适应当前社会应用型人才的需求出发,以实用技能为核心,将建模技术的理论知识和真实企业三维建模的实践案例紧密结合；注重通过丰富的项目案例来帮助读者更好地学习和理解三维建模的各种知识和应用技巧；涉及的应用领域主要有基础建模、道具建模、场景建模、卡通角色建模、Q版角色建模、游戏角色建模。

4. 创新原则

本书及时根据技术、标准、规范等的变化更新编写内容，图文并茂，每章案例都配有视频。采用了"五维一体"教学法中项目实践法的教学方式，案例新颖，读者不仅可以快速掌握一定的实战经验，而且可以快速掌握三维建模的制作技法。

三、配套资源

- PPT 课件、教学大纲、素材文件、案例工程文件等资料，请扫描下方二维码下载或者到清华大学出版社官方网站本书页面下载。

配套资源

- 微课视频（786 分钟，48 个），请扫描本书正文中相应位置的二维码观看。

本书以 Maya 2020 进行介绍，但由于 Maya 2020 和 Maya 2017 的建模命令基本一致，所以本书适用于安装了 Maya 2017 及以上版本软件的读者学习，有一定软件操作基础效果会更佳。读者在学习本书时，可以一边看书，一边观看视频教学文件，学习完每个案例后，可以在计算机上调用相关的工程文件进行实战练习。

四、致谢

本书能够顺利出版首先要感谢清华大学出版社的工作人员，同时感谢我的父母、家人、领导和朋友们的支持与鼓励，特别感谢精英集团、精英教育传媒集团、河北传媒学院、石家庄工程职业学院、河北天明传媒有限公司、北京精英远航教育科技有限公司的领导与同事们，在他们的鼓励和帮助下，使我的潜能发挥，超越自我。再次感谢为本书校阅的徐建新老师、张贺成老师、徐建伟老师以及高子越、崔佩轩、冯海峰。

作者一直信奉古人说的"书山有路勤为径，学海无涯苦作舟"。人生的价值在于不断地追求，相信你现在的努力和付出，未来一定会得到收获。

限于作者的水平和经验，加之时间比较仓促，书中疏漏或者错误之处在所难免，敬请读者批评指正，请发邮件至 workemail6@163.com。

周京来

2021 年 4 月

目录 --Contents

Contents

第 1 章

Chapter 01

初识Maya 2020

本章学习目标

- 了解Maya软件的历史与掌握Maya软件的界面
- 熟练掌握Maya软件的安装、激活及项目工程的创建
- 掌握三维建模的概念及建模规律与建模技巧

本章首先向读者介绍Maya软件的发展历程和应用领域，然后熟悉Maya软件界面，重点学习Maya软件安装、激活及项目工程的创建，重点掌握三维建模技术的相关理论基础、建模规律和建模技巧。

1.1 Maya 软件介绍和应用领域

1. Maya 软件介绍

Maya 软件是美国 Autodesk 公司出品的世界顶级的三维动画软件之一，应用对象是专业的三维建模、影视广告、角色动画、游戏设计、电影特技等。Maya 软件功能完善，工作灵活，易学易用，制作效率很高，渲染真实感很强，是电影级别的高端制作软件之一。

Maya 最早是由美国 Alias 公司在 1998 年推出的，该软件曾获得过奥斯卡科学技术贡献奖。2005 年，Autodesk 公司花费 1.82 亿美元收购 Alias 公司，并且发布了 Maya 8.0 版本，从此 Alias 正式改名为 Autodesk Maya。Autodesk 公司每年都进行软件版本的更新与完善，Maya 软件已经历了十多次版本的更新。本书重点讲解的是 Autodesk Maya 2020 官方中文版，如图 1-1 所示。

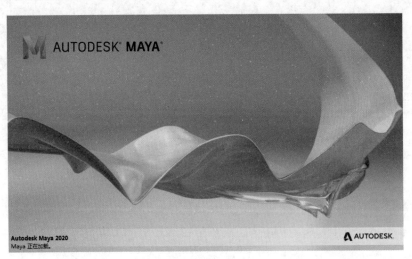

图 1-1

Autodesk Maya 2020 版本中包含许多性能改进、新增功能和方便美工人员使用的工具，显著改善了 Maya 的整体使用体验。Maya 2020 版本中建模模块主要对命令进行了更新，新增多边形重新划分网格和重新拓扑命令，极大提高了建模师的建模效率。绑定模块进行了改进，对于绑定师和角色 TD（技术总监），软件提供了新的矩阵驱动工作流以及新的包裹变形器。动画模块新增了 60 多个动画功能，极大提高了动画师的工作效率。特效模块中新增了适用于 Maya 的 Bifrost Extension 插件，提供了可显著提高性能的新版 Bifrost 以及多个新的预构建图表。Bifrost 是一种全新的程序节点图，用于创建模拟效果和自定义行为，它包括示例场景和复合，以及面向燃烧、布料和粒子模拟的解算器。渲染模块中 Maya 2020 版本推出了全新的 Arnold GPU 产品级渲染、灯光编辑器改进、渲染设置改进等诸多新功能。此外，它还改进了缓存播放功能和音频管理功能。

Maya 2020满足游戏开发、角色动画、电影电视视觉效果和设计行业方面日新月异的制作需求,专为流畅的角色动画和新一代的三维工作流程而设计。Maya 2020版本提供了诸多新工具和命令工具更新,可帮助动画师、建模师、绑定师和技术美工人员提高工作效率,让用户可以更方便、更自由地进行创作,将创意无限发挥,提供更加完整的解决方案。

2. Maya 应用领域

Maya作为一款顶级三维动画制作软件,深受世界各地顶级专业二维艺术家及动画师们的青睐。Maya功能强大,声名显赫,是制作者梦寐以求的制作工具。掌握三维软件Maya,会极大地提高工作效率和产品质量,调节出逼真的角色动画,渲染出电影级别的真实效果。Maya凭借其强大的功能、"高大上"的用户界面和丰富的视觉效果,一经推出就引起了动画、影视、游戏界的广泛关注,成为世界顶级三维动画制作软件之一。

Maya能够快速、高效地制作逼真的角色、无缝的CG特效和令人惊叹的游戏场景,被广泛应用于影视动画制作、电影场景角色制作、电影特技、电视栏目包装、电视广告、角色动画、游戏设计、工业设计等领域。Maya软件从诞生起就参与了多部国际大片的制作,从早期的《玩具总动员》《变形金刚》到后来热映的《阿凡达》《功夫熊猫3》《海洋奇缘》等,众多知名影视作品的动画和特效都有Maya的参与。

Maya参与制作的经典电影如图1-2所示。

图 1-2

很多三维设计人员应用Maya软件,是因为它可以提供完美的三维建模、游戏角色动画、电影特效和高效的渲染功能。另外,Maya也被广泛应用到了平面设计领域。Maya软件的强大功能正是设计师、广告设计者、影视制片人、游戏开发者、视觉艺术设计专家、网站开发人员极为推崇的原因。Maya将他们的标准提升到了更高的层次。

1.2　Maya 2020 新增功能

下面向读者简单介绍 Maya 2020 版本的主要新增功能。

1.2.1　Modeling（建模模块）

Maya 2020 版本中主要对建模模块命令进行了更新，新增了多边形"重新划分网格"（Remesh）和"重新拓扑"（Retopologize）命令，极大地提高了建模师的建模效率。

利用新的"重新划分网格"和"重新拓扑"命令，建模师可以花费更少的时间来清理模型。"网格"（Mesh）菜单中新增的两个新命令，可用于轻松修复拓扑或将拓扑添加到选定网格。只需选择组件或整个网格并运行"重新划分网格"命令即可添加细节并在曲面上均匀分布边，然后对曲面运行重新拓扑以将其所有面转变为四边形，如图 1-3 所示。这样可以节省数小时甚至数天时间，避免费力的手动建模，提高工作效率。

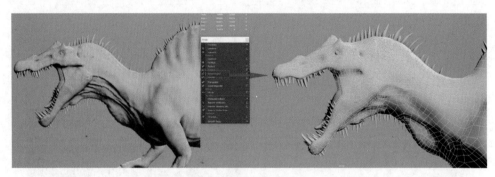

图　1-3

1.2.2　Rigging（绑定模块）

Maya 2020 版本中对绑定模块进行了改进，对于绑定师和角色 TD（技术总监），提供了新的矩阵驱动工作流以及新的包裹变形器。

1. 变更 Maya 的变换模型

向所有变换派生节点添加了新的矩阵输入 OffsetparentMatrix，以简化依存关系图（DG）和有向非循环图（DAG），如图 1-4(a)所示。

2. MotionBuilder 样式的 X 射线切换

Maya 借鉴了 MotionBuilder 中非常有用的热键切换功能以切换 X 射线模式，按下键盘 Alt + A 键可在不同的 X 射线模式之间循环切换，如图 1-4(b)所示。

3. 接近度包裹变形器

利用新的接近度包裹变形器，用户可以使用其他几何体作为驱动者来对目标几何体进行变形。根据客户反馈，接近度包裹变形器现在支持 GPU，且可解决 Maya 默认包裹变形器的问题，如图 1-5 所示。

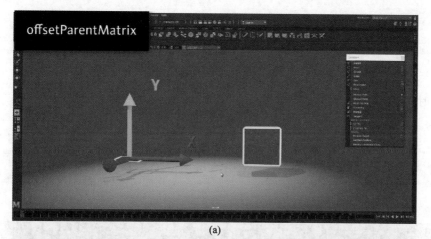

(a)

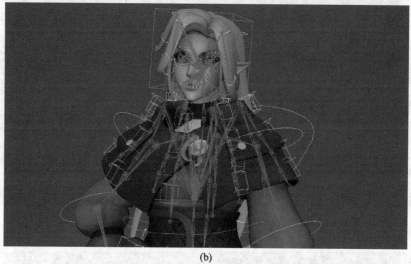

(b)

图 1-4

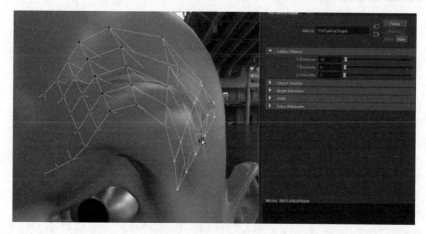

图 1-5

1.2.3　Animation（动画模块）

Maya 2020 版本中新增了 60 多个动画功能，这里重点介绍关于动画模块的动画工作流增强功能，该功能极大地提高了动画师的工作效率。

1. 时间滑块书签

Maya 2020 版本中提供了新的"时间滑块书签"（Time Slider Bookmarks），可以帮助用户基于时间和播放范围组织工作。此工具允许用户使用彩色标记在"时间滑块"（Time Slider）上标记事件，以便可以及时注意到某些时间。当用户想要聚焦或亮显场景中的特定区域或事件时，书签非常有用。通过新的时间滑块书签管理器，可以一次性编辑多个书签，如图 1-6 所示。

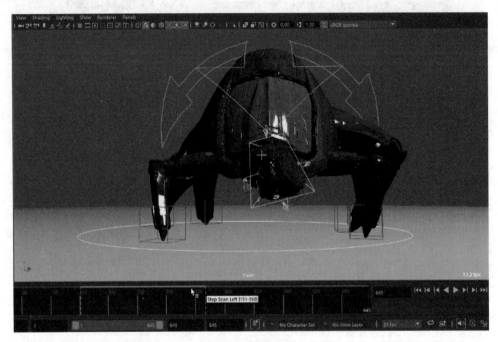

图　1-6

2. 将关键帧自动捕捉到整帧

启用新的"自动捕捉关键帧"（Auto Snap Keys）首选项，选择"窗口"→"设置/首选项"→"首选项"→"时间滑块"（Windows→Settings/Preferences→Preferences→Time Slider），以简化动画工作流程。启用"自动捕捉关键帧"后，在"时间滑块"和"曲线图编辑器"中移动或缩放关键帧时，会将选定的关键帧自动捕捉到最近的整帧。此工作流程还支持破坏性缩放。如果在缩放期间两个关键帧落在同一帧上，它们将合并为一个关键帧，如图 1-7(a)所示。

3. 曲线图编辑器改进

Maya 2020 版本中对"曲线图编辑器"（Graph Editor）相关命令进行了大量更新，使其在 Maya 2020 中自定义程度更高且更直观，如图 1-7(b)所示。

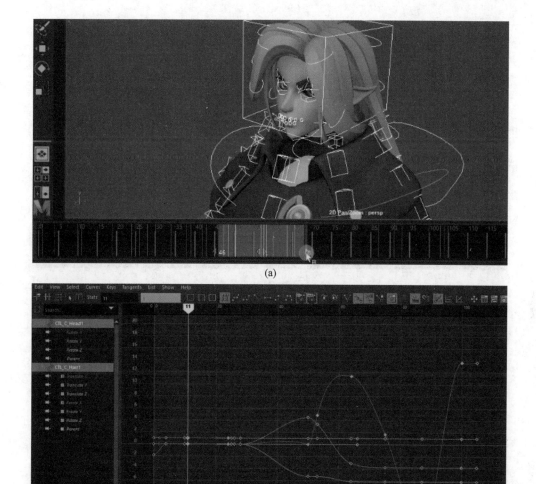

(a)

(b)

图 1-7

1.2.4 FX（特效模块）

Maya 2020 版本特效模块中新增了适用于 Maya 的 Bifrost Extension 插件，提供了可显著提高性能的新版 Bifrost 以及多个新的预构建图表。

Bifrost 是一种全新的程序节点图，用于创建模拟效果和自定义行为。它包括示例场景和复合，以及面向燃烧、布料和粒子模拟的解算器。利用新的 Bifrost 曲线图编辑器，可以在工作室内部甚至站点（如 Bifrost AREA 论坛）中轻松地概念化、试验、迭代和达到打包效果，并最终与其他美工人员共享，如图 1-8 所示。

图 1-8

1.2.5 Rendering（渲染模块）

1. Maya 2020 中包含 Arnold GPU

Maya 2020 版本推出了全新的 Arnold GPU 渲染，Arnold for Maya（MtoA）版本 4.0.0（使用 Arnold 6 核）现在可用在 CPU 和 GPU 上进行产品级渲染，如图 1-9 所示。

图 1-9

2. "灯光编辑器"（Light Editor）改进

用户可以使用"灯光编辑器"中的功能轻松地添加或禁用灯光，以及覆盖渲染层中的灯光属性，如图 1-10（a）所示。

3."渲染设置"（Render Setup）改进

"渲染设置"现在可以覆盖渐变纹理的每个位置标记上的属性（如颜色、位置和噪波控件）来覆盖对象上的着色，如图 1-10（b）所示。

（a）

（b）

图 1-10

此外，Maya 2020 版本还更新了"缓存播放功能"（Cached Playback）、音频管理功能等。

4."缓存播放"（Cached Playback）更新

Maya 2020 版本更新了"缓存播放"以针对图像平面和动力学提供新的预览模式和高效缓存，从而提高播放速度和结果的可预测性，如图 1-11（a）所示。

5."缓存播放"（Cached Playback）动力学支持

在先前版本的 Maya 中，只要缓存进程遇到动力学节点（如 BOSS、nParticle 或 nCloth），便会禁用"缓存播放"。缓存被禁用，状态行和图标会变为黄色以指示它进入安全模式。现在,"缓存播放"可以在单独的过程中处理动力学模拟内容,此过程显示在动画缓存状态行正上方的"时间滑块"中。当前,场景中的角色 nCloth 布料演算动画支持"缓存播放"功能,如图 1-11(b)所示。

(a)

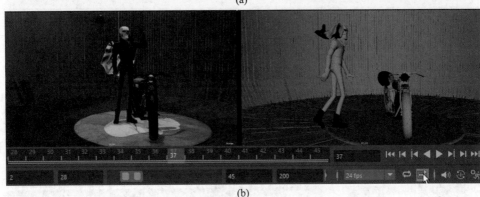

(b)

图　1-11

6. 音频管理功能

Maya 2020 版本还改善了音频管理功能,针对在 Maya 中处理音频进行了改进。新的"音量"(Volume)图标已添加到"时间滑块"下的播放选项(Playback options),从而可以直接从 Maya 的"时间滑块"访问 Maya 的音频级别,并且还在"动画"(Animation)菜单集中添加了"音频"(Audio)菜单,可用于在场景中导入或删除音频,以及选择音频波形在"时间滑块"上的显示方式,如图 1-12 所示。

总之,Maya 2020 版本主要在"建模模块"(Modeling)、"绑定模块"(Rigging)、"动画模块"(Animation)、"特效模块"(FX)和"渲染模块"(Rendering)中新增了诸多功能并进行了性能增强以及错误修复。此外,它还改进了"缓存播放"功能和音频管理功能。Maya 2020 版本提供了诸多新工具和命令工具更新,可以帮助动画师、建模师、绑定师和技术美工人员提高工作效率,更加方便地进行艺术创意的发挥。

图 1-12

1.3 软件安装

要掌握一款软件,首先需要掌握的是其安装方法。下面将向读者介绍安装 Maya 2020 软件所需的系统配置及 Maya 2020 软件的安装过程。

1.3.1 安装 Maya 2020 所需的系统配置

在讲解软件安装之前,先介绍安装 Maya 2020 所需的计算机系统配置。

1. 软件需求

Autodesk Maya 2020 软件支持以下 64 位操作系统之一:

- Microsoft Windows 7(SP1)操作系统。
- Microsoft Windows 8 Professional 操作系统。
- Microsoft Windows 10 Professional 操作系统。
- Apple Mac OS X10.10 和 X10.11 操作系统。
- Linux OS 操作系统。

2. 硬件需求

Autodesk Maya 2020 64 位软件最低需要以下硬件配置:

- Intel Pentium 4 或更高版本、AMD Opteron 处理器。
- 4GB 内存,4GB 可用硬盘空间。
- 1024×768 分辨率,16 位色显存的图形卡(需支持硬件加速的 OpenGL 显卡)。

3. 计算机配置

企业项目中,专业设计师、建模师、灯光渲染师专用的计算机对配置要求还是很高的,当然,硬件的性能越好,工作效率越高。建议专业人员使用表 1-1 给出的硬件配置。

表 1-1

硬　件	配　置
处理器	Intel 酷睿 i7-7700（散片）
散热器	ID-COOLING Frostflow 120 一体式水冷 CPU 散热器
显卡	丽台 Quadro K2200 4GB 专业显卡
主板	华硕 PRIME B250M-PLUS 主板
内存	金士顿骇客神条 16GB DDR4 2400
固态硬盘	联想 SL700 M.2 固态硬盘
机械硬盘	希捷（ST）1TB 7200r/min 64MB SATA3 台式机硬盘（ST1000DM003）
机箱	爱国者炫影　分体式水冷机箱
电源	航嘉 jumper500 电源（额定 500W）
显示器	用户自选
键鼠装	用户自选

1.3.2　Maya 2020 软件的安装

在本节中将向读者介绍 Maya 2020 的安装方法，具体操作步骤如下。

视频讲解

Step1　　运行 Autodesk_Maya_2020_Win_64bit_dlm.sfx.exe 开始安装，选择解压目录，目录不要带有中文字符，安装包软件大小为 4.05GB，如图 1-13 所示。注意：Autodesk 官方网站中提供的 Maya 2020 版本只能安装在 Windows 7 或以上系统中，不支持 XP 系统的安装，安装时要先关闭计算机中的防火墙和相关杀毒软件。

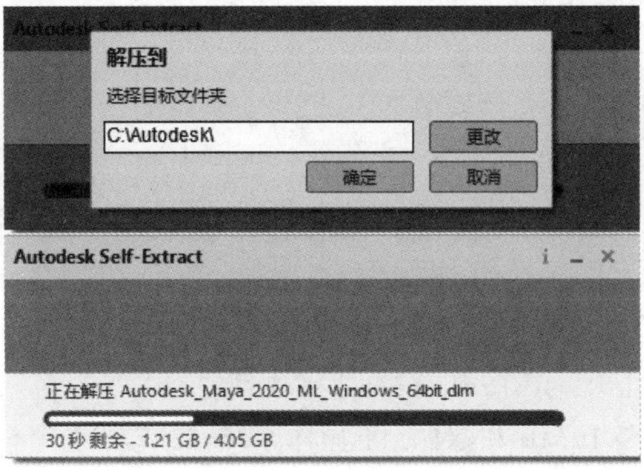

图　1-13

Step2　　解压完毕后自动弹出安装界面，单击"安装"按钮，显示安装准备如图 1-14 所示。

图　1-14

Step3 接下来在出现的界面中选择"我同意使用条款",单击"下一步"按钮,如图 1-15 所示。

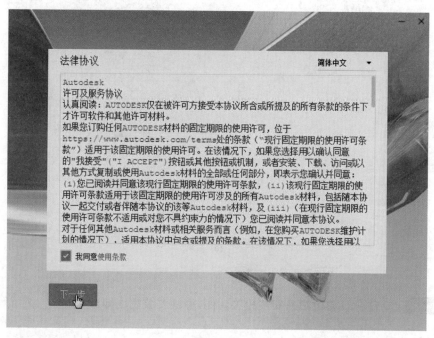

图 1-15

Step4 按图 1-16(a)所示选择安装目录,单击"下一步"按钮,再在弹出的窗口中单击"安装"按钮,如图 1-16(b)所示。

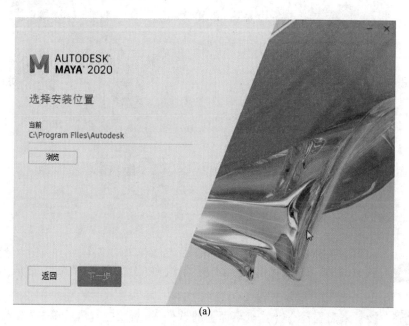

(a)

图 1-16

(b)

图 1-16 （续）

Step5 软件会自动检测并安装相关软件，等待安装完成即可，如图 1-17 所示。

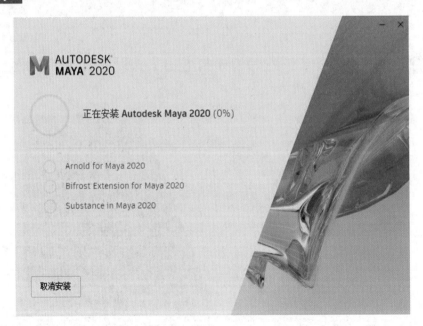

图 1-17

Step6 软件安装成功后会提示"所有组件已安装"，单击"完成"按钮，如图 1-18 所示。

Step7 接下来需要运行计算机桌面上的软件 Maya 2020，然后单击"输入序列号"，如图 1-19 所示。

图　1-18

图　1-19

Step8 此时会弹出 Autodesk 隐私声明，单击"我同意"按钮，如图 1-20 所示。

Step9 此时出现"产品许可激活"界面，单击"运行"按钮，软件只能免费试用 30 天，过期后还需要重新安装；建议用户单击"激活"按钮，激活软件以后可以免费长久使用，如图 1-21 所示。注意：激活前需要先断开网络，激活完成后再打开网络。

Step10 输入购买时得到的序列号和产品密钥，如：序列号，666-98989898；产品密钥，657L1，单击"下一步"按钮，如图 1-22 所示。

Step11 出现 Autodesk 许可激活选项，如图 1-23 所示，选择申请号进行复制。

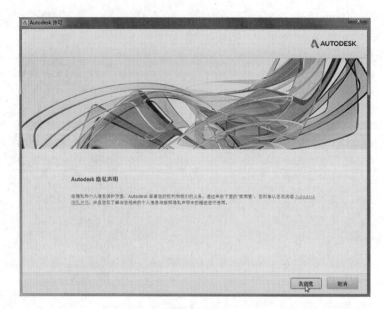

图 1-20

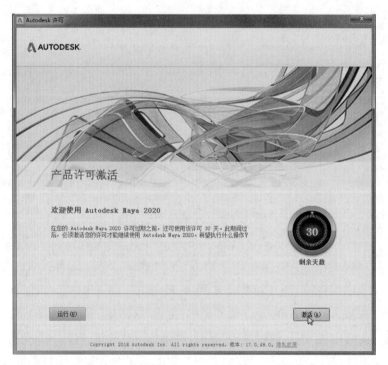

图 1-21

Step12 找到 Autodesk 官方网站提供的 Maya 2020 软件安装包中的 Autodesk 注册机压缩包，切记右击以管理员身份运行，双击 xf-adsk2020-x64.exe 图标，可以打开注册机，如图 1-24 所示。

图 1-22

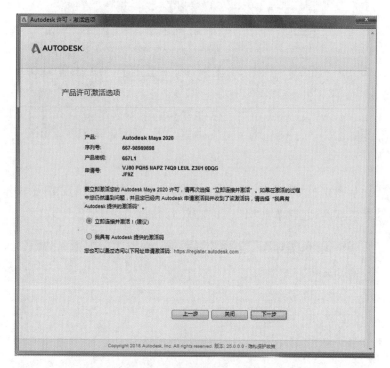

图 1-23

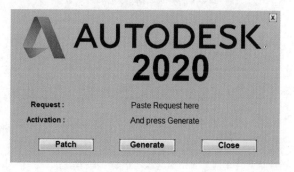

图 1-24

Step13 第一步将申请号复制并粘贴到注册机 Request（注册）栏；第二步单击 Generate（生成）按钮，此时计算机会随机生成一串新的激活码；第三步单击 Patch 按钮（修补）；第四步系统会显示 Successfully patched（成功修补），单击"确定"按钮；第五步复制 Activation（激活）栏中的激活号；第六步单击 Close（退出）按钮，如图 1-25 所示。

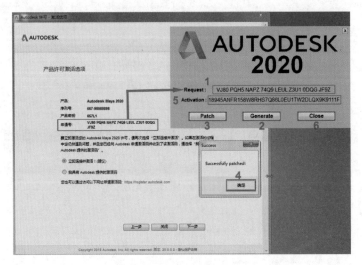

图 1-25

Step14 之后再选择"我具有 Autodesk 提供的激活码"，会出现 16 个文本框，然后把激活号粘贴到激活框内，之后单击"下一步"按钮，如图 1-26 所示。

图 1-26

Step15 接下来会出现许可激活完成界面，单击"完成"按钮，如图 1-27 所示。

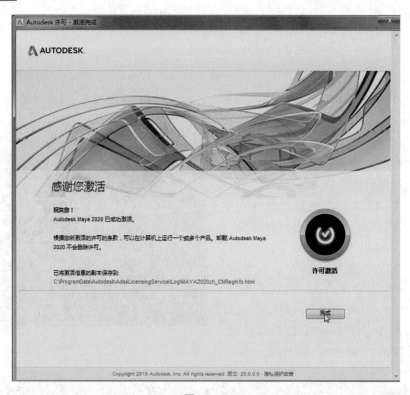

图　1-27

Step16 安装激活成功后，软件会默认启动，如图 1-28 所示。

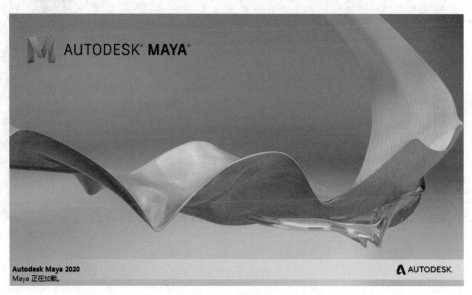

图　1-28

Maya
三维建模技法从入门到实战（微课视频版）

1.4　Maya 界面简介

1.4.1　Maya 界面

　　界面是每个用户接触软件的第一个部分，也是比较重要的部分，只有对软件的界面布局有了详细的了解，才能在制作过程中更快速地调用各种工具，提高工作效率。

　　本书使用的是 Autodesk Maya 2020 官方中文版，开启界面会弹出"新特性亮显设置"对话框，如图 1-29 所示。通过选中"亮显新特性"选项，可以快速查看并学习 Maya 2020 新增的工具菜单命令。

图　1-29

　　Maya 2020 界面布局如图 1-30 所示，主要分为标题栏、菜单栏、状态栏、工具架、工具盒、视图菜单、视图按钮、视图区、通道盒、层编辑器、快捷布局按钮、链接网站、时间滑条、范围滑条、命令行、帮助行。

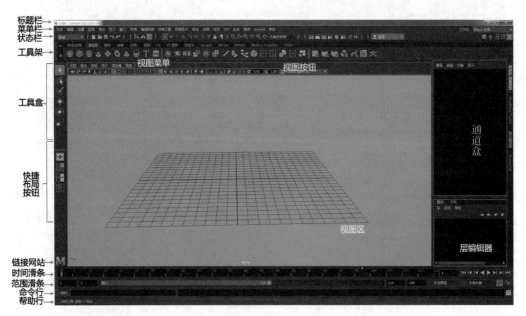

图　1-30

1. 标题栏

　　标题栏显示的是 Maya 版本信息、文件保存路径信息、选择对象和文件保存格式信息，如图 1-31 所示。

Maya版本信息 文件保存路径信息 选择对象 文件保存格式

图 1-31

2. 菜单栏

菜单栏包含了 Maya 所有的操作命令,主要分为公共菜单栏和模块专属菜单栏两部分,如图 1-32 所示。

公共菜单 模块菜单

图 1-32

当切换不同的模块时,专属菜单栏的内容也会随之改变,如图 1-33 所示。

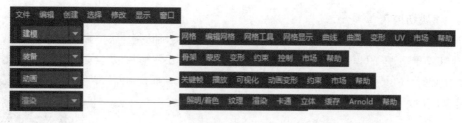

图 1-33

在展开菜单栏时,单击虚线可以将面板改为浮动式,这样就可以自由移动菜单命令,如图 1-34 所示。

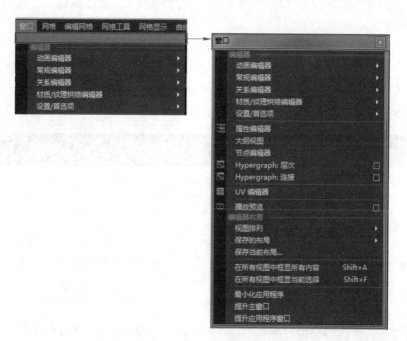

图 1-34

3. 状态栏

状态栏也分为多个区域，它主要由一些常用命令按钮组成，主要包括模块切换、选择模式、选择遮罩、锁定按钮、吸附工具、显示材质编辑器、显示/隐藏建模工具包、显示/隐藏角色控制、显示/隐藏通道盒/层编辑器等，如图 1-35 所示。

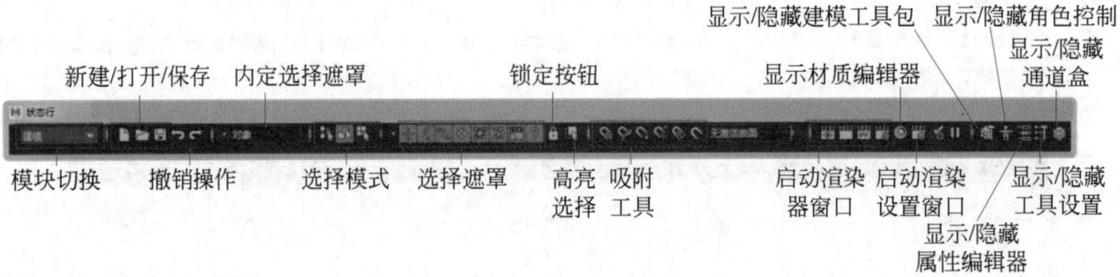

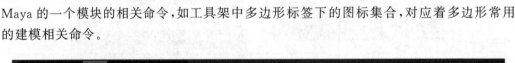

图　1-35

4. 模块切换菜单

通过状态栏上最左端的下拉菜单进行模块的切换，通过键盘快捷键快速切换到所需的模块。Maya 2020 版本快捷键切换模块功能如图 1-36 所示。F2 为建模模块，F3 为绑定模块，F4 为动画模块，F5 为 FX 模块，F6 为渲染模块。

图　1-36

5. 工具架

Maya 工具架非常重要，我们制作模型经常会用到。它集合了 Maya 各个模块下经常使用的命令，并以图标的形式分类显示在工具架上。这样工具架中的每个图标相当于相应命令的快捷方式，通常执行命令时只需要单击该图标即可。

工具架分为上、下两部分，如图 1-37 所示，最上面一层为标签栏。标签栏下方设置图标的一栏为工具栏。注意，标签栏上的每个标签都有文字描述，每个标签实际对应着 Maya 的一个模块的相关命令，如工具架中多边形标签下的图标集合，对应着多边形常用的建模相关命令。

图　1-37

6. 工具盒

通过工具盒中的工具可以对视图中的物体进行快捷操作，这些工具也都有相应的快捷键，需要大家熟练掌握其操作，如选择工具为 Q 键，移动工具为 W 键，旋转工具为 E 键，缩放工具为 R 键，如图 1-38 所示。

7. 快捷布局按钮

通过提供的快捷布局窗口按钮，如图 1-39 所示，可以更加快捷地切换窗口，同时也可以编辑操作窗口。

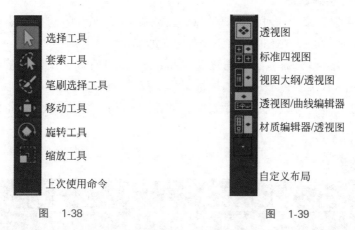

图　1-38　　　　　　　　　　图　1-39

8. 时间轴

时间轴包括时间滑条和范围滑条,主要应用于 Maya 的动画制作,用户可以随意拖动时间滑块、设置时间长度、设置自动记录关键帧,而最重要的是在时间轴上设置动画关键帧和动画播放控制操作等,如图 1-40 所示。

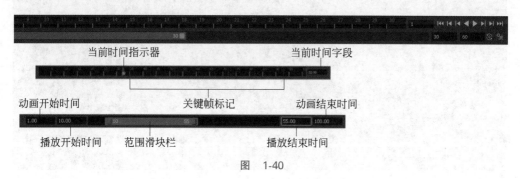

图　1-40

9. 命令行/帮助行

命令行用来输入 Maya 的 MEL(Maya 内嵌语言)命令,它分为左、右两栏。左侧是命令输入栏,用于输入命令;右侧是信息反馈栏,用于显示命令的执行结果,如图 1-41 所示。注意:灰色底纹表示命令执行准确;红色底纹表示命令执行错误或命令无法执行;黄色底纹表示警告信息。

图　1-41

帮助行用来显示命令执行时的操作提示,当执行命令时,在这里可以看到操作提示。

10．通道盒/层编辑器

通道盒既可以直接改变对象的属性，如位移、旋转、缩放、可见性等，也可以对这些属性设置动画，同时还可以在通道盒中添加自定义的属性。

默认情况下，层编辑器显示在通道盒（Channel Box）面板的底部。单击"通道盒/层编辑器"（Channel Box/Layer Editor）图标可将其打开。层编辑器不仅可以对场景中的对象进行分类管理，而且可以控制层中对象的可见性、可选择性以及它们的可渲染性，如图1-42所示。

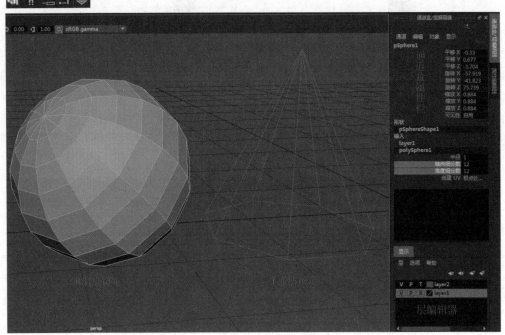

图　1-42

> 提示　界面UI的显示或隐藏，用户可以通过显示菜单选择UI元素命令，通过选择来显示或者隐藏主窗口中的UI元素。

1.4.2　项目管理

项目是一个或多个场景文件的集合。项目也可包括与场景相关的文件，如渲染文件、贴图文件或动画序列文件。同时，项目文件还包括这些文件存放的目录、路径等信息。Maya这种项目管理机制可以自动对文件进行归类，把不同类型的数据文件分别存放在相应的目录下，这样不同的计算机中交换项目数据也会快捷、方便。

在建立场景之前通常都要先创建一个项目，项目文件夹包括场景文件、纹理贴图文件、动画序列文件、脚本文件等子文件夹。如果缺乏对这些文件的有效管理，那么在制作过程中,随着文件数量的增多,光是整理数据文件就会浪费很多时间,特别到后期渲染阶段,有时还有可能出现找不到所需贴图文件的状况。因此,在创建场景前建立项目,有助于更好地管理项目,养成创建项目管理的良好习惯可以有效地提高工作效率。

那么,接下来我们就来学习如何创建项目。

创建一个新的项目工程的步骤如下:

(1) 打开 Maya,选择"文件"→"项目窗口"命令,打开项目窗口。

(2) 在当前项目栏选择"新建"命令,然后输入新项目的名称。

(3) 在位置栏内链接项目文件需要存放的路径。注意: 项目路径最好指定在没有中文路径名称的盘符下。

(4) 其他设置默认即可,选择"接受"命令,完成新项目的创建,如图 1-43 所示。

图　1-43

项目创建成功后,到指定的项目文件夹打开后,会发现项目文件夹内自动创建出 14 个子文件夹。这里特别提醒大家必须记住的两个子文件夹分别是 scenes(场景)文件和 sourceimages(源图像)文件。场景文件夹主要是存储场景中创建的所有模型文件;源图像文件夹主要是存储参考图和所有模型的贴图文件,如图 1-44 所示。

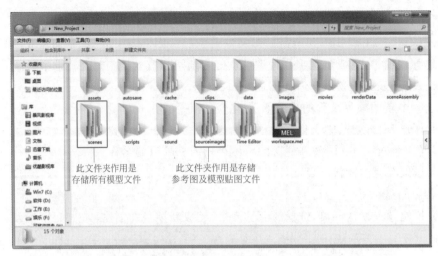

图　1-44

1.5　Maya 界面菜单

1.5.1　浮动菜单

　　浮动菜单是菜单组的自定义集合，按空格键即可显示它。一旦用户定制了浮动菜单，使用它就可以快速地访问相应命令并隐藏其他项，以此提高工作效率。在项目制作中，通常都是利用 Maya 的浮动菜单快速选择命令进行模型的创建等操作，并且用户还可以根据自己需要随时定制浮动菜单。

　　浮动菜单主要划分为五个区域：北区、南区、东区、西区和中心区，如图 1-45 所示。

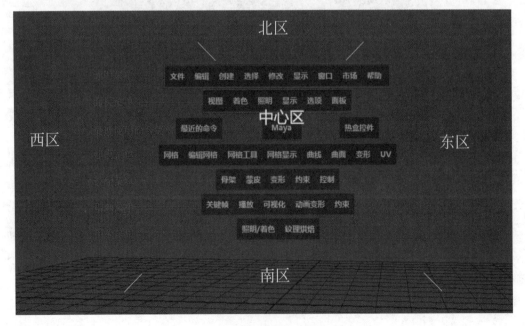

图　1-45

如果用户快速按空格键而没有按住浮动菜单，Maya 会改变显示的视图数目。例如，如果用户在透视图中，快速按下空格键，Maya 将会显示出四个基本视图。另外，四个视图间的互相切换，也是利用空格键配合浮动菜单来完成的。

改变浮动菜单的外观和内容：按住空格键，单击"热盒控件"并拖动来选中某个选项，指定其显示在浮动菜单中，如图 1-46 所示。

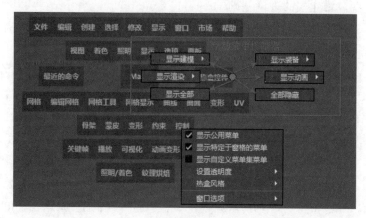

图　1-46

在热盒控件的顶部可设置显示哪些菜单组。例如，单击"显示动画"，然后选择"显示/隐藏动画"命令，可打开或者关闭动画菜单组的显示。

1.5.2　自定义快捷菜单

为了工作方便，通常会把常用的一些菜单命令自定义在工具架上。例如，要在自定义工具架上添加多边形基本体中的立方体命令，在建模模块下，按住 Ctrl＋Shift 组合键的同时再选择"创建"→"多边形基本体"→"立方体"命令，此时在工具架上会出现一个如图 1-47 所示的快捷小图标，若想删除该图标，可以直接右击选择"删除"命令即可。

图　1-47

◇ 1.6　建模理论基础

在进行三维建模之前，首先要了解什么是三维坐标、三维空间、三维建模、建模技术、建模技巧等一些三维建模的理论基础。

1.6.1　三维坐标

要学习三维建模，首先要了解什么是三维坐标，我们学习过二维坐标，在数学中通常以 X 轴和 Y 轴表示。三维坐标也称笛卡儿坐标，是在二维坐标的基础上，增加第三坐标 Z 轴而形成的。在 Maya 默认设置下，分别以红、绿、蓝来代表 X、Y、Z 轴，并且 3 个轴以 90°角的正交方式存在，X、Y、Z 这三轴的交点便是原点(0,0,0)，如图 1-48 所示。

三维空间中，最基本的可视元素为点。点没有大小，但是有位置。为确定点的位置，首先应在空间中建立任意一点作为原点；随后便可将某个点的位置表示为原点左侧（或右侧）若干单位，原点上方（或下方）若干单位，以及高于（或低于）原点若干单位。

例如，坐标(7,3,4)中这 3 个数字提供了空间中点的三维坐标。对于位于原点右侧 7 个单位（X 方向），原点下方 4 个单位（Z 方向）和原点上方 3 个单位（Y 方向）的点，其坐标为(7,3,4)，如图 1-49 所示。

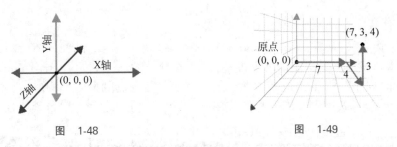

图　1-48　　　　　　　　　　　　　　图　1-49

在计算机图形中，实际上我们不说点位于"左或右""上或下"或"高于或低于"，而是将这 3 个维度称为 X 轴、Y 轴和 Z 轴。我们也可以将这 3 个维度简单理解为日常生活中的长、宽、高。

在动画和可视效果中，传统上使用 Y 轴作为"向上"轴或称标高轴，使用 X 轴和 Z 轴作为"地面"轴。但是，某些其他行业传统上使用 Z 轴作为上方向轴，使用 X 轴和 Y 轴作为地面轴。

在 Maya 中，也可以在 Y 轴和 Z 轴之间切换向上轴。选择"窗口"→"设置/首选项"→"首选项"(Windows→Settings/Preferences→Preferences)，然后在左窗格中单击"设置"(Settings)，在"世界坐标系"中的"上方向轴"中选择 Y 或 Z 轴，如图 1-50 所示。

1.6.2　三维空间

了解完三维坐标后，接着学习一下什么是三维空间，三维位置和变换存在于名为空间

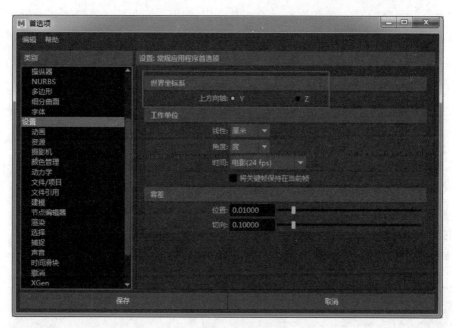

图　1-50

的坐标系中。三维空间主要有世界空间、对象空间。

　　客观存在的现实空间就是三维空间，具有长、宽、高三种度量。数学、物理等学科中引进的多维空间的概念，是在三维空间的基础上所做的科学抽象，也叫三度空间。三维即前后—上下—左右。三维的东西能够容纳二维。三维空间的长、宽、高三条轴用来说明在三维空间中的物体相对原点的距离关系。日常生活中三维空间可指由长、宽、高三个维度所构成的空间。而且日常生活中使用的"三维空间"一词，常常是指三维的欧几里得空间。

　　世界空间是整个场景的坐标系统，它的原点位于场景的中心。视图窗口中的栅格显示了世界空间坐标轴。世界坐标系统如图 1-51 所示。

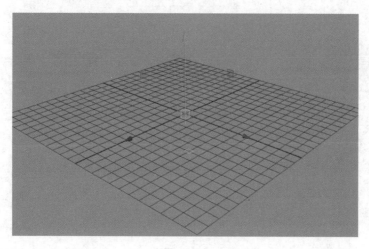

图　1-51

对象空间是来自对象视点的坐标轴。对象空间的原点位于对象的轴心点处,而且其轴随对象旋转,每个对象都相对自身的空间坐标系统进行移动。对象坐标系统如图 1-52所示。

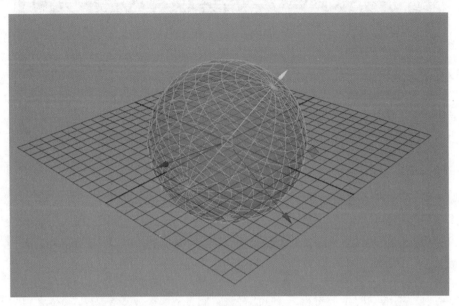

图　1-52

提示　按下 W 键,并在窗口中单击,弹出快捷标记菜单,即可设置移动工具的坐标系统,如图 1-53 所示。

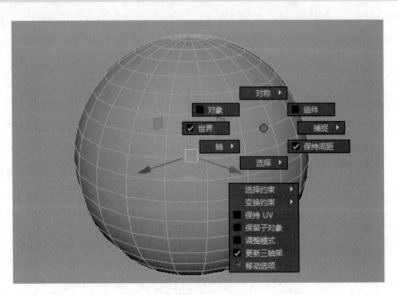

图　1-53

1.6.3 三维建模

三维建模是三维动画项目制作的基础,三维模型的好坏直接影响三维动画项目制作流程中的材质贴图和角色动画两个环节,所以三维建模至关重要,它可以说是从事 CG 行业的基石,是三维动画制作人员必须要掌握的一门重要技术。三维建模已经广泛应用于各种不同的领域:医疗行业中主要用于制作器官的精确模型;电影行业中主要用于制作活动的人物、物休以及现实场景;视频游戏产业中主要作为计算机与视频游戏中的三维资源;建筑业中主要用来制作展示的建筑物或者风景表现;工程界中则主要用于设计新设备、交通工具、结构等。

要想学好三维建模,首先需要弄明白二维造型和三维造型的概念及区别。

造型即创造物体形象,通常在建模过程中会遇到两种造型:二维造型和三维造型。

二维造型,即平面造型,简单地说,二维造型不能形成一定的空间,创造出来的物体形象是平面的。通常我们利用二维图像处理软件进行物体形象的绘画及创作,如游戏道具和游戏角色概念原画设定图,如图 1-54 所示。

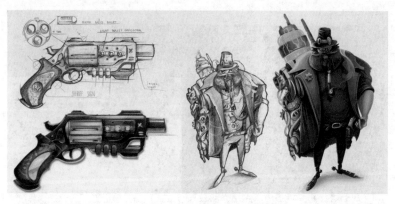

图　1-54

三维造型,也称立体造型,专业术语称为三维建模或 3D 建模。三维造型直译就是在三维空间中创造物体形象的能力。通常可以简单地理解为,以二维造型的概念原画设定图稿为基础,通过三维软件(Maya 或者 3ds Max 等)在计算机虚拟三维空间中制作出相应的物体模型,如图 1-55 所示。

弄明白二维造型和三维造型的概念后,接下来学习如何提高自己的三维空间造型能力。那么,什么是三维空间造型能力呢?简单地说,就是将现实世界中的物体在虚拟的三维空间中精准地创建出三维实体模型的能力。

三维空间造型能力主要包含两种能力:

(1) 空间造型能力,主要是综合利用三维软件精准调整出模型的比例结构关系及编辑模型的几何形态(包括点、边、面、体),如图 1-56 所示,游戏中用到的三种武器装备(战锤)都可以概括为立方体和圆柱体这样的基本几何形体,它们都是在立方体和圆柱体的基础上进行结构的细化编辑来完成最终的游戏模型。

图　1-55

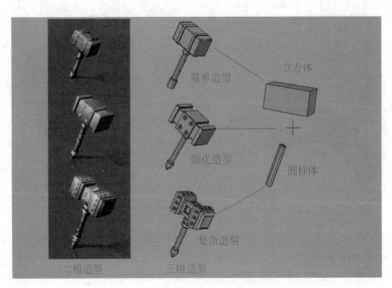

图　1-56

（2）空间想象概括能力，主要是根据原画师提供的概念设计稿，建模人员可以在三维空间中通过大脑思维去快速分析、概括出物体各个角度的结构及组成部分，达到电影级的模型效果，如图1-57所示。

三维空间造型实际上是由一个形体同感觉它的人之间产生的相互关系所形成的，这种相互关系主要是根据人的触觉和视觉经验来确定的。三维空间造型能力的培养不是一蹴而就的，需要读者日积月累才会形成，一旦具备此能力，读者的建模质量和效率会迅速提高，并且还会有助于读者快速地成为高级建模大师。

图 1-57

1.6.4 建模技术

Maya 建模技术主要有两种：Polygon(多边形)建模技术、NURBS(曲面)建模技术。下面针对这两种建模技术做详细的讲解。

1. Polygon 建模技术

Polygon 建模技术，又称多边形建模技术，这是一种非常典型的古老、流行的建模方式，也是初学者最容易理解和掌握的。多边形建模主要通过控制三维空间中物体的点、边、面来塑造物体的外形。用多边形建模方式创建的物体表面由直线构成，模型表面带有棱角。运用多边形建模可以创建出各种三维模型，Polygon 模型作为一种最为常用的模型数据，可以在多种平台和几乎所有三维软件之间共享。《刺客信条》游戏模型如图 1-58 所示。

图 1-58

Polygon 模型表面 UV 是可以被随意编辑的，不像 NURBS 模型被锁定在物体表面，而且对于物体的复杂贴图绘制是有利的，可以通过将多边形模型表面的 UV 展开，轻松地绘制出复杂的贴图。将多边形不断地优化可以创建出复杂的高精度模型，满足电影级的制作需求。例如 GDC 举行的游戏发布会上，公布的《Ryse：罗马之子》游戏制作初期模型近乎 CG 电影级别，每个战甲的多边形面数都高达 400 万，主角马吕斯多边形面数高达 15

万，当然，没有一台主机或高端 PC 能够以流畅帧率运行这样的模型，所以后期进行多次优化，每个角色削减到了面数 4 万的多边形，主角为面数 16 万的多边形，考虑到旧主机约为面数 1～2 万的多边形运行机能，《Ryse：罗马之子》至少提升了 4～8 倍的多边形运行机能。《Ryse：罗马之子》游戏截图如图 1-59 所示。

图　1-59

由于这些便捷的特性，Polygon 建模技术被广泛应用于各个领域，特别是游戏设计领域。它可以在较少的面片上绘制出复杂的图像，这样就可以在不影响游戏效果的基础上，加快游戏的运行速度。

2. NURBS 建模技术

NURBS 建模技术，又称曲面建模技术，是由曲线组成曲面，再由曲面组成立体模型，曲线具有控制点，可以控制曲线曲率、方向、长短。NURBS 建模是一种非常优秀的建模方式，在高级三维软件当中都支持这种建模方式。NURBS 建模能够比传统的 Polygon 建模方式更好地控制物体表面的曲线度，从而能够创建出更逼真、生动的造型，最适于表现有光滑外表的曲面造型。

NURBS（非均匀有理数 B 样条线）是一种可以用来在 Maya 中创建 3D 曲线和曲面的几何体类型。用几条样条曲线共同定义一个光滑的曲面，最大的优势是用较少的控制点平滑控制较广的曲面。NURBS 曲面类型广泛运用于动画、游戏、科学可视化和工业设计领域，特别是在工业设计方面，NURBS 已经成为 3D 造型业的标准，如图 1-60 所示。

图　1-60

曲面建模能够完美地表现出曲面模型，并且易于修改和调整，因此非常适合有机生物模型或角色的建模和动画。NURBS 建模理念比较抽象，不如 Polygon 建模直观。与 Polygon 建模相比，NURBS 表面没有优秀的拓展性，建模时不像 Polygon 那样随意。NURBS 表面接缝和动画可控性也都是较难攻克的技术。因此，对初学者来说，这是一种不易掌握的建模方法。如果读者有一定的建模基础，可以尝试用 NURBS 技术建立生物模型，总的来说，这是一种高级的优秀建模技术，如图 1-61 所示。

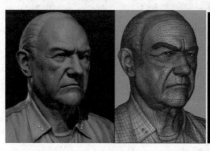

图 1-61

1.6.5 LOD 技术

LOD(Level of Details)表示模型的细致程度，LOD 技术是当前在游戏应用中比较流行的一种技术，也称为多细节层次技术。LOD 技术主要用于关联相同几何体的多个版本，以便在游戏引擎中基于特定阈值进行替换。LOD 技术在不影响画面视觉效果的前提条件下，通过逐次简化模型的表面细节来减少模型的复杂性，从而提高计算机算法的效率。该技术通常对每个原始模型建立不同层次精度的几何模型，与原始模型相比，每个模型均保留了一定层次的细节，这样使用远处和近处之间的多个版本就可以为近处生成模型的高质量版本，为远处生成模型的低质量版本。在任意给定时间，使用 LOD 组可以轻松显示模型的适当版本(细节级别组的一个子对象)，具体取决于组与摄影机的距离或屏幕高度的百分比。通常，LOD 分组的模型正好彼此堆栈在一起，以便从一个 LOD 级别无缝切换到下一个级别，如图 1-62 所示。这样，计算机在生成场景时，根据该物体所在位置与视点间的远近关系不同，分别使用不同精细程度的模型，避免了不必要的数据计算，既能节约时间又不会降低场景的逼真程度，使计算的效率和运行的效率大大提高。

根据不同类型游戏要求，模型面数也有一定的规格，精细度也不一样，于是就有了低模和高模，如图 1-63 所示。低模是使用较少的多边形组成的模型，这类模型大多会出现较明显的直线边界或转折，模型体积和质感往往通过绘制专属贴图来表现。与高模相比，低模角色具有渲染消耗量较少的优势，在低配置计算机或手机等平台中也可以流畅运行游戏。高模是高细节、高精度的三维模型，看上去十分逼真，细节非常丰富，模型的面数也相当高。高模通常用于次时代游戏制作、电影制作等。

1.6.6 建模布线

1. 建模布线概念

建模布线，也叫模型布线，专业术语称为拓扑结构。拓扑结构简单理解就是制作一个

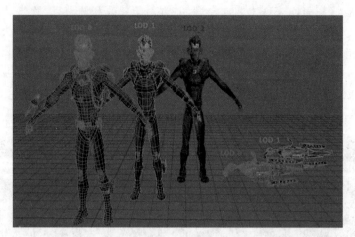

图　1-62

低模　　　　　　　　高模　　　　　　　贴图

图　1-63

角色动画模型的时候，如何创建模型表面上的线，如何根据模型的结构来布线。一般来说，因为三角面会打断循环边，从而破坏拓扑结构，因此多边形模型要尽量保持四边面，在明显位置尽量避免使用三角面。另外，也要避免使用边数大于四的多边形。所以通常情况下，只有四边面构成的模型拓扑结构是最合理的。例如典型的拓扑结构——Maya 自带多边形球体，布线特点：上下会有两个极点，这些线会在顶部和底部上与单个点进行会合，两个极点部分都由三角面组成，其他部分都由四边面组成，最终构成球体的形状，如图 1-64 所示。

　　同样的形状，拓扑结构不同，面数也会不同。如图 1-65 所示，三个球体形状上完全一样，可是分别有不同的拓扑结构。

　　对比可以发现，虽然三个球的形状、大小是一样的，不过内部的顶点、边线、面的排布方式却不尽相同。左边的球体是通过立方体光滑命令后得到的球体，其内部结构仅仅是平直的网格，面数最少，拓扑结构最好。中间的球体是 Maya 自带的多边形球体，虽然拓扑结构也合理但是面数相对较多。右边的球体是通过 Maya 自带的足球体光滑后得到的，面数居中。

　　拓扑结构在次时代游戏里面应用最多。次时代游戏模型的制作流程，简单地说就是利用各种软件制作出超级精细的高模（通常都是利用 Maya 制作一个模型大形（模型基本的形体与造型，简称模型大形）导入到 ZBrush 软件完成高模的雕塑），由于高模面数太多

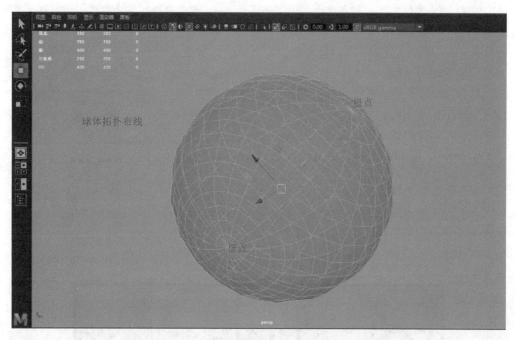

图　1-64

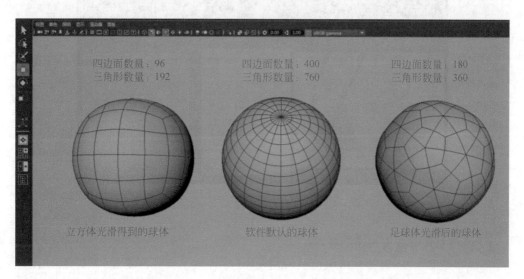

图　1-65

影响游戏运行速度,因此需要按照高模结构重新拓扑出一个合理而简洁的低面数模型,然后将拓扑完成的低面数模型和高面数模型一起进行烘焙 NormalMap(法线贴图),最后把法线贴图贴到低模上面,这样低模拥有近似于高模的细节效果。《战神》游戏角色如图 1-66所示。

那么如何合理地进行拓扑结构呢?静态模型对布线的要求会稍微低一点,而动画角色模型一定要注重合理的拓扑结构,如图 1-67 所示。万变不离其宗,无论是影视模型还是游戏模型,布线虽有不同,但模型拓扑布线的理论是相通的。

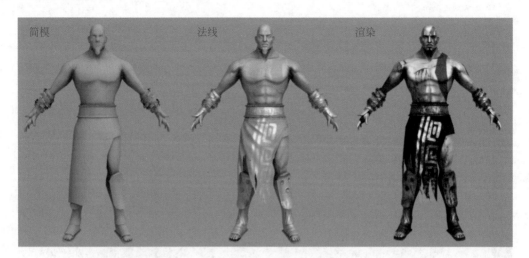

图 1-66

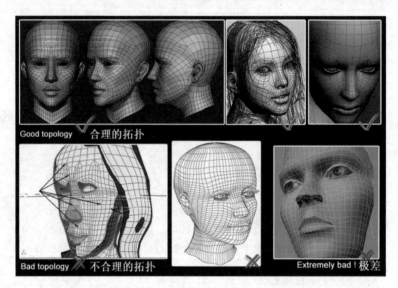

图 1-67

2. 低模布线与高模布线的技巧

低模布线要注意的是，在精简面数的情况下，尽可能丰富轮廓造型，并保证演示动画时模型变形效果合理、美观。大家一定不要误解为游戏模型在制作时都需要用三角面来制作。我们在制作游戏模型的时候通常都是用四边面，只有在计算面数的时候才转换为三角面来计算。但是由于游戏模型在最终导出到引擎时都需要转换为三角面，所以预先转换为三角面结构来调整模型是很有必要的。游戏《魔兽世界》和《刺客信条》中的角色低模布线如图 1-68 所示。

高模布线主要是结构一定要精准。模型布线主要由四边面构成，模型面数分布均匀规整，为了模型平滑，在明显位置尽量避免使用三角面。图 1-69 是世界级著名模型师 Jinwoo Lee 创建的模型。

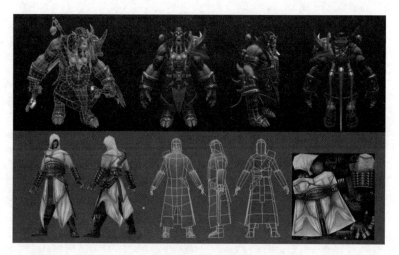

图　1-68

图　1-69

3．几种常用的高级建模布线方法

1）井字形四边形布线

角色建模时尽可能地保证布线以均匀规整的四边形为主，如图 1-70 所示。

2）风筝形布线

风筝形布线可以将不同精度的模型结合在一起，就是我们通常使用的一分三法。风筝形布线一般用来改变布线的走向，它们是由不同肌肉交界时造成的，主要起到分流造型的作用。通常风筝形布线还会应用在角色的头部、腰部和脚部等部位，如图 1-71 所示。

3）星形布线

角色建模时，五边汇聚在一起会形成一个五星面，五线共点，此种布线形式称为星形布线，如图 1-72 所示。这种布线形式不利于肌肉的伸展，所以不是我们希望出现的，星形布线要尽力去避免。若有时不能避免，也要尽量放在那些不变形的地方。

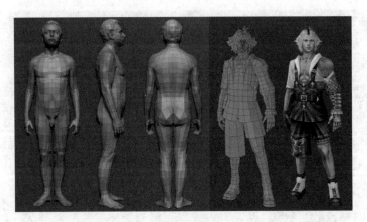

图　1-70

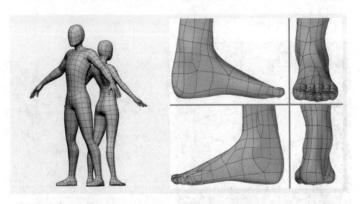

图　1-71

图　1-72

4）环形布线

角色面部建模为了制作表情动画，通常是环形布线，主要为了模拟面部结构和面部肌肉，环形布线走向符合面部肌肉（眼轮匝肌和口轮匝肌）的运动方向，这样动画师就可以调节出丰富的角色表情动画效果，如图 1-73 所示。

5）角色关节处布线

制作动画模型时，一定要注意角色的运动关节处布线，通常在活动的关节处（膝盖关

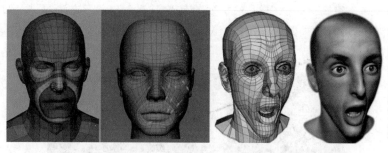

图　1-73

节、肘部关节和腕部关节）至少需要添加三条线，这样才有利于后续绑定环节权重的绘制和动画环节模型的合理变形，如图 1-74 所示。

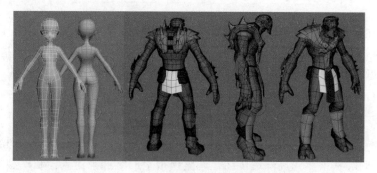

图　1-74

6）优化模型布线

通常建模时，我们需要表现模型的质感，可以通过平滑、倒角、插入循环边等命令来帮助快速优化模型布线，如图 1-75 所示。

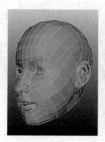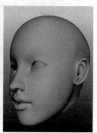

图　1-75

模型布线非常重要，它是三维建模中重要的进阶概念，模型布线关系到后续的展UV、画贴图、刷权重、做动画。一个模型拥有了良好的拓扑结构，不仅模型布线外观比较均匀规整，还可改善建模的工作效率，可以更快、更精确地修改模型的整体和细节，因此，在三维建模过程中不仅要注重模型的造型准确，更重要的是考虑模型的布线。

1.6.7　建模方法

俗话说得好，"无规矩不成方圆"，不管做什么事都是有规矩的，严谨地按照这个规矩才能把事情做好。建模也是一样的,最重要的是学习理念和学习方法,只要理念和方法正确,相信读者很快就可以掌握三维建模。Maya软件建模大体流程为创建基本形,创建大结构,合理布线及刻画细节,如图1-76所示。

图 1-76

初学者在建模的时候很容易陷入细节而导致比例失衡,或者是因为布线问题影响到贴图、绑定的效果,因此建议初学者不要一拿到参考图就直接构建模型,而是在建模之前一定要认真思考分析模型,多收集一些相关参考资料,确定模型主要结构线,找出正确的建模思路,用最简单的方法去完成高质量模型。

1. Maya 中 Polygon 建模的常用方法

(1)整体到局部建模方法:应用 Polygon 建模法创建出模型的大形,在模型大形上直接添加环线细化,从整体到局部逐步细化调整模型上的"点"来达到控制模型造型的目的,如图1-77所示。

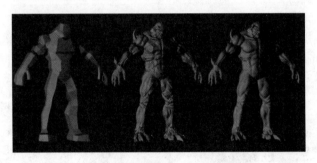

图 1-77

(2)局部到整体建模方法:一个模型通常由多个部分组成,建模时可以把整体模型拆分成各个部分来分别制作,例如网易手游阴阳师晴明的模型,如图1-78所示,模型可以拆解为头部、狩衣、胳膊、手掌、鞋子等部分元素进行分别制作,主要通过挤出面、多切割工具等命令调整模型形状,最后完成角色整体模型的制作。

(3)综合建模方法:通过多种建模法的综合运用来创建模型,例如先利用 NURBS 建模法创建出大体模型来,然后把 NURBS 模型转化为 Polygon 模型,然后再在 Polygon 模型基础上刻画细节,运用整体到局部再到整体的综合建模思路来完成最终模型,如图1-79所示。

2. Maya 中创建 NURBS 曲面的常用方法

(1)直接创建法:执行 NURBS 几何体命令,直接创建 NURBS 基本几何体。

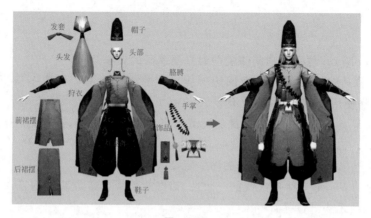

图 1-78

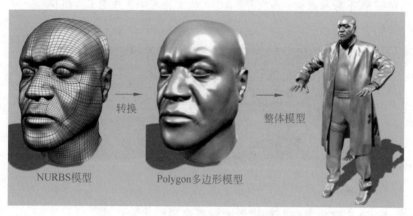

图 1-79

（2）线转面创建法：绘制不同形状的 NURBS 曲线，使用曲面菜单中的旋转、放样、挤出等各种命令或工具得到曲面。

（3）面转面创建法：在原有 NURBS 曲面的基础上，通过编辑曲面菜单中的延伸曲面、断开曲面等命令得到新的曲面。

以上所述 Polygon 建模方法与 NURBS 建模方法是作者多年学习和工作实践的总结与提炼。建模方法不是固定的，为了快速、高效地创建三维模型，建议读者先掌握以上所述的建模方法，熟练应用于实际工作中，然后可以在以后的建模工作中慢慢探索总结，发掘更多、更好、更适合自己的建模方法。

1.7 建模规律与建模技巧

三维建模具有一套严格的行业标准和制作规范。在真正的商业项目制作中，角色制作的标准程度直接影响到后面角色的骨骼绑定和动画制作。三维角色的制作不但要求角色模型的外形要美观，而且更重要的是模型的布线要合理，结构要准确，并且在制作中要始终保持与团队的沟通协作，为项目顺利完成奠定基础。

1.7.1　建模规律

1. 运用 Polygon 建模方法制作模型时需要遵循的建模规律

（1）尽量保持多边形的面数由四边形构成。游戏模型由于低模不需要进行网格平滑，所以不忌讳使用三角面、多星面塑形。

（2）游戏布线要求以最少的面表现模型更多的结构及转折，并保证在相应面数下边缘尽可能圆滑。

（3）建模过程中，模型重叠部分的面一定要及时删除。

（4）创建的多边形要保持法线的一致性，错误的法线会造成纹理的错误，也会造成多边形面与面之间无法进行缝合。

（5）建模完毕，及时清理历史记录，删除不必要的节点，加快计算机运行速度。

（6）角色建模还需考虑模型的面数合理、造型准确、布线合理、肌肉变形及权重分布等问题，如图 1-80 所示。

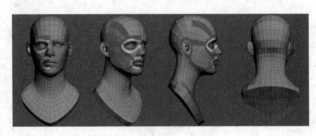

图　1-80

2. 运用 NURBS 建模方法制作模型时需要遵循的建模规律

（1）遵循 3 点确立弧线原则来绘制样条曲线，精确绘制空间线。

（2）逆时针绘制样条曲线，绘制曲线点尽量分布均匀，点不要太多。

（3）曲线绘制调整好后，框选曲线进行切割，然后再进行重建曲线段数。

（4）编辑曲面时，若曲面不让编辑，则删除其历史记录再对其操作。

（5）熟练应用曲线造型工具和曲面编辑工具。

曲线是曲面的造型基础，界面如图 1-81 所示。

1.7.2　建模技巧

用 Maya 软件制作三维模型时需要掌握如下的技巧，示例展示如图 1-82 所示。

（1）原画设定：造型要严格按照原画给出的设定图进行基本形体制作。

（2）造型准确：理解原画，分析模型结构，将模型结构清晰体现。

（3）合理布线：布线简洁，匀称清晰，不能出现多于四边的面，尽量不要出现五线共点或超过五线的点。

（4）纹理贴图：模型细节刻画要适度，不可以大幅度地影响整体比例，所以在制作时常拉远看看，不能只陷入细节。通常，游戏模型的细节（体积感和金属质感）都是通过绘制专属贴图来表现的。

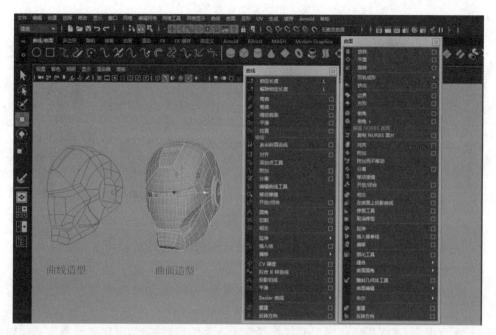

图   1-81

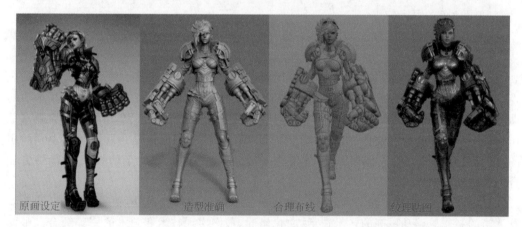

图   1-82

本书选择的案例涉及道具建模、场景建模、卡通角色建模、Q版角色建模、游戏角色建模，如图 1-83 所示。

道具建模和场景建模相对比较简单，角色建模相对比较复杂。下面针对工作中几类模型在制作要求和制作规范上的建模技巧做一下阐述。

- 游戏中的道具建模和场景建模在保证结构准确的情况下，尽量用最少的面数去塑造，细节部分主要通过贴图纹理绘画的方式去表现。
- 工业和机械模型结构复杂，质感较硬，所以通常使用曲面建模方法进行创建，然后再转化为多边形模型进行编辑，相对来说模型制作难度不高，只需要外形准确就基本达到目的了。

图 1-83

- 动物模型的制作,则要尽量符合所制作动物的身形结构,材质上也要充分体现出其特点。
- 游戏模型的制作,尽量用较少的面构建模型,然后通过贴图的方法进行细节的表现,既不会影响游戏效果,又能加快游戏的运行速度。
- 卡通角色与 Q 版角色模型的制作要符合人类的造型结构,但比例和形体必须做出适当的改变和夸张来体现出卡通人物的性格和特点,且在材质上颜色饱和度要突出角色的可爱特点。
- 真人角色模型的制作,需要完全按照真实的人体结构去制作,材质上也要力求真实,并要体现出人物的性格、特点,形神兼备是最难的。

工欲善其事,必先利其器。学习三维建模不是一蹴而就的,需要读者保持对技术的热爱,不断实践,不断总结经验。要想快速提高建模水平,建议读者平时加强造型基本功的训练,无论是绘画还是雕塑,都可以快速提高造型能力,还要学习、观摩和研究业界高水平作品的结构造型和布线技巧。此外,商业项目中的角色模型通常是为后续制作动画而用的,读者需要了解一些人体解剖知识和动画运动原理,这样有助于使模型的布线更加合理。

总之,学习三维技术除了需要读者熟练掌握一定的软件技术外,更重要的是,读者要有清晰的制作思路和更高的艺术造诣、文化修养,最终实现技术和艺术的完美结合。师傅领进门,修行在个人。在读书、学习的道路上,没有捷径可走,也没有顺风船可驶,如果想要在广博的书山、学海中汲取更多、更广的知识,勤奋和刻苦是必不可少的。只有勤奋、坚持不懈,才会有所收获,走向成功。

1.8 习　题

(1) 简述在 Maya 中创建一个新项目工程的步骤。

(2) 简述 Maya 中 Polygon 建模的常用方法。

(3) 简述 Maya 中几种常用的高级建模的布线方法。

(4) 运用 NURBS 建模方法制作模型时通常需要遵循哪些建模规律?

第2章

[Maya基础入门]

本章学习目标

- 熟练掌握Maya软件视图切换与视图操作
- 掌握Maya软件对象操作与物体的编辑
- 掌握多边形建模工具包与曲面建模常用命令

本章介绍Maya软件的基础操作，学习Maya软件的对象操作、捕捉对象、对齐对象、组合物体、大纲视图、删除历史记录、修改轴心、复制物体、镜像物体等常用建模命令，熟练掌握多边形建模工具包与曲面建模常用命令，为今后学习三维建模奠定基础。

2.1 Maya 基础操作

2.1.1 视图布局和切换

视图面板是用于查看场景中对象的区域。视图布局既可以是单个视图面板（默认），也可以是多个视图面板，视图布局的方案灵活多变，可根据用户需要随时改变。可以按Ctrl＋Shift＋M组合键来切换面板工具栏的显示。

在 Maya 软件中有一个标准的四视图，分别是顶视图、透视图、前视图、侧视图（左视图和右视图），以方便用户从各个角度观察、操作，如图 2-1 所示。

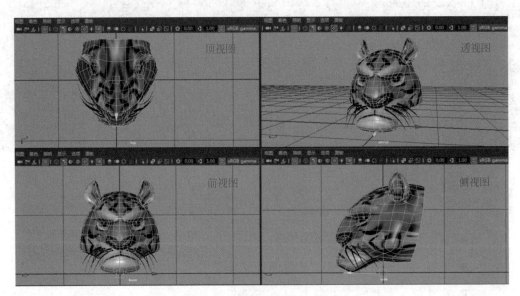

图   2-1

在多个视图中相互切换，可将鼠标放在要进行切换的视图上，按键盘上的空格键就可以使当前的视图最大化显示，若再次按下空格键就会恢复原来的视图布局，如图 2-2 所示。

在任意视图中按住空格键也可以出现浮动菜单命令，同时在中心区 Maya 热键盒上用鼠标左键或右键滑动选择要切换到的视图，然后再松开空格键，即可切换到想要的视图，如图 2-3 所示。熟练掌握视图切换操作将有助于工作效率的提高。

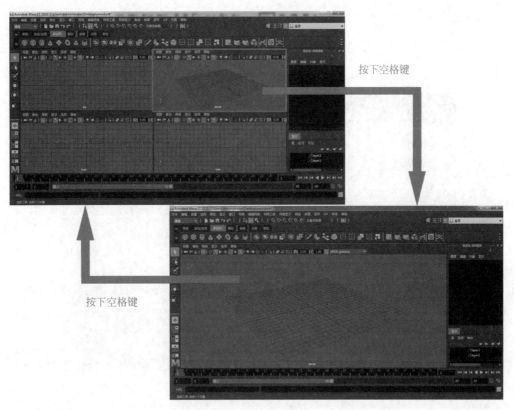

按下空格键

按下空格键

图　2-2

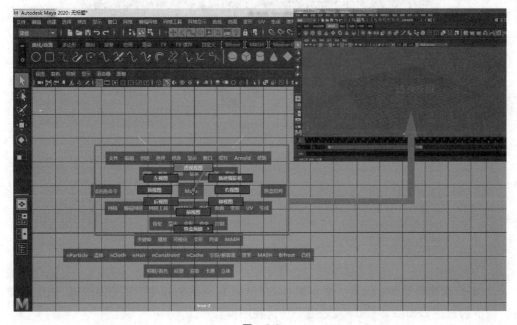

图　2-3

2.1.2 视图操作

（1）旋转视图操作：按 Alt 键＋鼠标左键，如图 2-4 所示。注意，只适用于三维透视图操作。

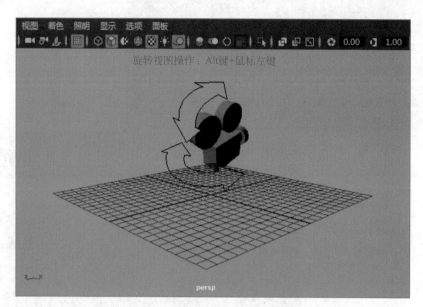

图　2-4

（2）平移视图操作：按 Alt 键＋鼠标中键，如图 2-5 所示，适用于任何视图操作。

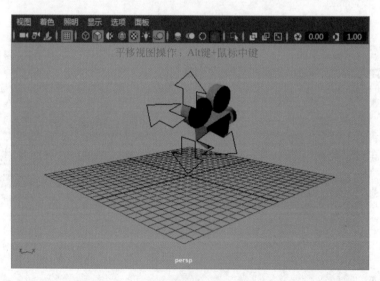

图　2-5

（3）推拉视图操作：按 Alt 键＋鼠标右键（向右拖动为拉近、向左为拉远、向上为推远、向下为推进），如图 2-6 所示，适用于任何视图操作。

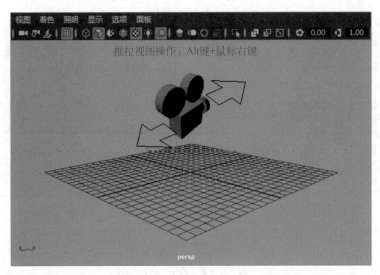

图　2-6

2.1.3　视图显示

（1）线框显示模式：快捷键为键盘上数字键 4。视图中的模型物体将以线框模式显示，如图 2-7 所示。注意：默认状态下是线框显示模式。

（2）实体显示模式：快捷键为键盘上数字键 5。视图中的模型物体将以实体模式显示，如图 2-8 所示。

图　2-7

图　2-8

（3）材质贴图显示模式：快捷键为键盘上数字键 6。视图中的模型物体将会显示出链接在其表面上的纹理贴图，如图 2-9 所示。

（4）灯光显示模式：快捷键为键盘上数字键 7。视图中的模型物体将会显示出受到灯光照射的效果，可以在视图中看到灯光照射颜色、照射范围和投影效果等，如图 2-10 所示。

图 2-9

图 2-10

2.2 对象组件

模型主要由点、线、面等元素构成，在建模过程中，主要就是依靠不断地调整改变点、线、面的位置来修改模型的外形。顶点、边和面是多边形的基本组件，如图 2-11 所示。

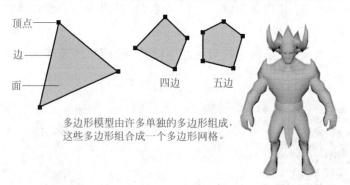

多边形模型由许多单独的多边形组成，这些多边形组合成一个多边形网格。

图 2-11

在 Maya 软件中创建三维模型的几何体类型有 Polygon、NURBS 两类。每一种类型的几何体，都有其不同的构造原理以及相应的组件数据。根据外观和实际编辑方式不同可以概括总结如下：曲面物体外表最为光滑，但是建模难度最为复杂；多边形物体易于编辑，但是变形平滑效果不如曲面物体。

这里以多边形建模为例，简要地理解 Maya 中多边形几何体类型的对象组件。

多边形是直边形状（三条边或更多条边），它是由三维点（顶点）、连接它们的直线（边）、直线边构成的面组成的。多边形的内部区域称为面。

使用多边形建模时，通常使用四边多边形（称为四边形）进行建模。Maya 软件还支持使用四条以上的边创建多边形（n 边形），但它们不常用于建模。

单个多边形通常称为面，将多个面连接到一起时，它们会创建一个面网络，称为多边形网格（也称为多边形集或多边形对象）。使用多边形网格可以创建三维多边形模型。

2.3　操 作 对 象

学习对对象的基本操作方法,包括对场景物体的选择、移动、旋转、缩放等变换操作,以及使用复制、镜像、修改轴心等基本命令。物体的基本操作是必须要熟练掌握的知识重点,在具体的制作过程中会反复使用到对物体的基本操作内容。

通过使用 Maya 的选择、移动、旋转和缩放工具,可以变换场景中的任何多边形对象和组件。

2.3.1　选择工具

单击工具箱中的"选择工具"图标 来打开选择工具。

(1) 用户在场景、大纲视图窗口和超图窗口中单独地选择对象。

(2) 在场景中,在对象上单击可以选择对象。

(3) 在场景中,在对象周围单击并拖曳出选取框可以选择对象。

(4) 在场景中,单击对象然后再按 Shift 键可以加选对象。

(5) 在场景中,单击对象然后再按 Ctrl 键可以减选对象。

2.3.2　套索工具

单击工具箱中的"套索工具"图标 来打开套索工具。在场景中,可以使用套索工具在所选对象周围绘制自由形式的形状来选择对象和组件。双击"套索工具"图标以显示"套索工具"选项。

(1) 绘制样式。

- 开放:当绘制套索时,形状会保持打开。
- 闭合:当绘制套索时,Maya 将连接结束点和开始点以显示封闭的空间。

(2) 组件选择:设定 Maya 在套索区域中选择组件的精度。

- 快速:当释放鼠标按钮时,使用套索的近似形状来选择组件的速度会更快一些。
- 精确:当释放鼠标按钮时,使用套索的精确形状,但会花费更长的时间来选择组件。在现代计算机上,"快速"和"精确"组件选择的速度之间存在着一些差别。

2.3.3　绘制选择工具

可通过使用图形笔触在所需组件上绘制来选择组件,例如顶点或面。

(1) 选择要选择的组件的对象。

(2) 双击工具箱 中的"绘制"选择工具。

(3) 使用工具设置面板可以设置工具,包括笔刷大小、选择、取消选择或是在选定和取消选定之间切换组件。

(4) 设置选择遮罩来选择所需的组件类型。

(5) 在选定对象上绘制来选择组件。

通常用于选择对象元素时，可以在曲面、多边形模型上进行绘画选择，选择不同的元素。例如，多边形的点、线、面都可以使用笔刷选择工具进行加选和减选操作。

在模型上按住键盘 B 键并用鼠标中键在场景中拖曳，可以修改笔触大小。在场景中用鼠标左键绘画可以加选元素，按住 Ctrl 键用鼠标左键绘画可以减选元素。

2.3.4　移动工具

单击工具箱中的"移动工具"图标██，或按 W 快捷键来激活"移动工具"，如图 2-12 所示。

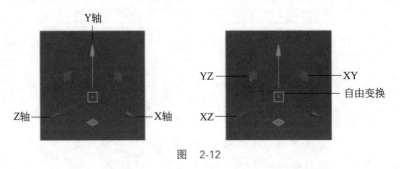

图　2-12

（1）拖动箭头可以沿轴移动。

（2）拖动中心控制柄可以在视图平面上自由移动。

（3）拖动平面控制柄可沿多个轴移动（此操作是 Maya 2017 版本新增功能）。

> 提示　在操纵器首选项中，使用"平面控制柄"选项，可以切换平面控制柄的可见性。

2.3.5　旋转工具

单击工具箱中的"旋转工具"图标██，或按 E 快捷键来激活"旋转工具"，如图 2-13 所示。

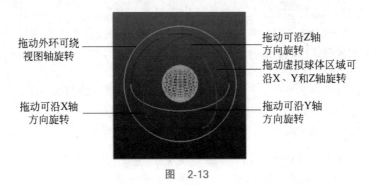

图　2-13

（1）拖动各个环可绕不同的轴旋转。

（2）拖动外环可绕视图轴旋转。

（3）将光标移动到环内的区域，它将以灰色亮显。拖动灰色区域可自由旋转对象或选择组件。

提示　"旋转工具"设置中的"自由旋转"必须处于启用状态。

2.3.6　缩放工具

单击工具箱中的"缩放工具"图标 ，或按 R 快捷键来激活"缩放工具"，如图 2-14 所示。

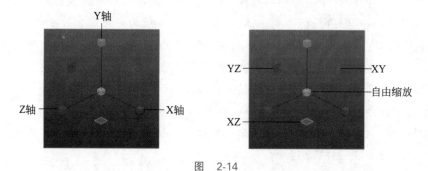

图　2-14

（1）拖动框可沿轴缩放。

（2）拖动中心框可沿所有方向均匀缩放。

（3）拖动平面控制柄可沿多个轴缩放。

2.4　组　合　物　体

组是一些物体的集合，其作用主要有两方面：一是整理数据以方便数据管理；二是物体分组后，可以使用组来控制组内的物体。

分组命令的菜单："编辑"→"分组"，创建分组的快捷键是 Ctrl＋G，如图 2-15 所示。

组合物体可以将多个物体组合在一起进行变换、调整。将对象组合后，既可以将组作为一个整体进行编辑修改、设置动画等操作，也可以将组分解，对其中的某一个物体进行单独操作。物体分组后移动分组，分组中的物体会随之移动，但是只有分组的变换节点数值发生变化，分组内物体的变换节点的数值不发生变化。

在绑定的过程中有时会用到"空组"的概念，所谓空组，就是在不选择任何物体的情况下创建的分组，其实分组的物体都是作为一个空组的子物体存在的，执行"创建"→"空组"命令即可创建空组。如果已经创建的组不需要了，可以将组进行解组。选择需要分解的组，执行"编辑"→"解组"命令即可。

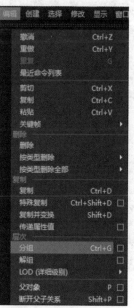

图　2-15

2.5 大纲视图

大纲视图会列出场景中所有类型对象的名称和层级关系，相当于 Windows 中的资源管理器。可以对大纲视图中的对象进行父子关系、群组等操作。大纲视图中列出的对象都有相应的图标，图标后面是对象的名称，在名称上双击可以重新修改对象的名称。在建模中通常使用大纲视图进行物体的选择、查看、整理层级、为对象命名等操作。

大纲视图以大纲形式显示场景中所有对象的层次列表。可以展开和收拢层次中分支的显示；层次的较低级别在较高级别下缩进，如图 2-16 所示。大纲视图是 Maya 软件的两个主要场景管理编辑器之一，另一个是 Hpergraph（超图）。

大纲视图还会显示视图面板中隐藏的对象，如默认摄影机或没有几何体的节点（例如着色器和材质）。可以使用相应显示菜单中的项目，控制大纲视图中显示的节点。

打开大纲视图的三种方法：

（1）在主菜单栏中选择"窗口"→"大纲视图"。

（2）在面板中选择"面板"→"面板"→"大纲视图"。

（3）在界面左侧，单击"快速布局"按钮下的 图标。

图 2-16

2.6　删除历史记录

Maya 软件的历史记录功能非常强大，在操作过程中可以记录大部分的构建历史，在不清除历史记录的情况下，可以反复地对以前的操作进行修改。

删除历史主要分为两种：

（1）执行"编辑"→"按类型删除历史"命令删除选择对象的历史记录。

（2）执行"编辑"→"按类型全部删除历史"命令删除场景中所有对象的历史记录。

历史记录可以帮助用户进行反复修改，但过多的历史记录会占用大量系统资源，使制作速度下降，因此在制作完成后确定不会再对历史记录进行修改，应及时删除历史记录。删除历史记录可以提高场景的性能并降低其文件大小。

2.7　修改对象轴心

轴心点定义对象绕其旋转或缩放的位置。对象的轴心在创建对象时会自动产生，默认情况下，一般在对象的中心或基于对象的中心处。但在制作模型时往往需要改变对象的轴心，来满足模型制作需求。修改对象轴心在建模过程中非常重要，相同对象，轴心位置不同，对它的操作效果也会不同。如果要将对象围绕特定点旋转（例如前臂围绕肘部旋转），需要调整轴心的位置。自定义轴心编辑模式是设置对象和组件轴心点的默认方法。

自定义轴心点（快捷键为 Insert 键或 D 键）允许设置轴心位置和轴方向，还可以使用此模式来移动轴心点并执行更复杂的编辑，例如轴心固定、定向和捕捉自定义轴心到组件。

（1）将自定义枢轴的位置捕捉到组件。操作步骤：用 Insert 键或 D 键激活自定义枢轴编辑模式，单击枢轴操纵器的中心控制柄，按住 Shift 键并单击组件，如图 2-17 所示。

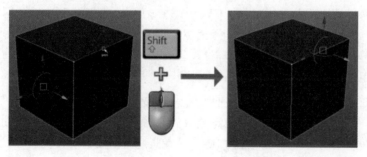

图　2-17

（2）将自定义枢轴的方向捕捉到组件。操作步骤：用 Insert 键或 D 键激活自定义枢轴编辑模式，按住 Ctrl 键并单击组件，如图 2-18 所示。

（3）将自定义枢轴的位置和方向捕捉到组件。操作步骤：用 Insert 键或 D 键激活自定义枢轴编辑模式，单击组件将枢轴的位置和方向与选定组件对齐，如图 2-19 所示。

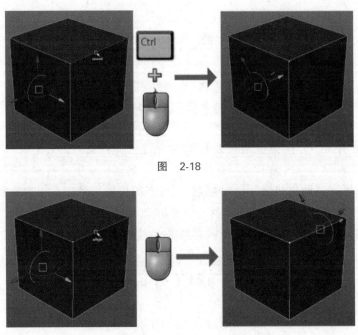

图 2-18

图 2-19

2.8 捕 捉 对 象

捕捉对象是建模过程中经常要用到的操作方式。捕捉通常也称为吸附，捕捉对象操作包括捕捉到网格、捕捉到曲线、捕捉到点或轴、捕捉到几何体中心、捕捉到视图平面、捕捉到曲面，如图 2-20 所示。

图 2-20

1．捕捉到网格

捕捉到网格是把顶点（控制顶点（CV）、多边形顶点）或枢轴点捕捉到网格（两条网格线的交点）。如果在创建曲线之前，选择捕捉到栅格项，则在创建时它的顶点会捕捉到栅格上，快捷键为 X。

2．捕捉到曲线

捕捉到曲线是把操作对象捕捉到曲线或者曲面曲线上，快捷键为 C。

例如，将对象的轴心点、曲面控制点或多边形顶点等锁定在曲线上移动，常用于曲面建模过程中曲线之间绘制时端点处的对接，或者曲线与曲面的对接。

3．捕捉到点

捕捉到点是把操作对象捕捉到一个点上，快捷键为 V。

例如，将对象的轴心点、曲面控制点或多边形顶点等移动对齐到点上（包括各种类型的点），通常要求目标点必须是显示出来的点（进入相应组元显示模式）。

4．捕捉到视图平面

捕捉到视图平面是把操作对象捕捉到一个视图平面上。

例如,要在透视图内绘制图形。

2.9　对齐对象

通过设置选项来对齐对象步骤如下:

(1) 选择场景中要对齐的对象。

(2) 选择"修改"→"捕捉对齐对象"→"对齐对象"命令,得到如图 2-21 所示的"对齐对象选项"对话框。

图　2-21

(3) 选择对齐模式。

- 最小值,沿距离 0 最近的边对齐对象。
- 最大值,沿距离 0 最远的边对齐对象。
- 中间,对齐中心。
- 距离,沿对象之间的距离均匀分布对象。
- 栈,移动对象使对象排列到一起,彼此之间没有空间。

(4) 选择对齐所沿轴。例如,若要对齐顶部/底部,请选择"世界 Y"。

(5) 选择对象要移动到的目标。"选择平均"将对象移动到对象坐标的平均位置。"上一个选定对象"将对象移动到关键对象。该对象将亮显为绿色。

(6) 单击"对齐"按钮。

2.10　复制物体

在建模的时候,有时需要创建许多相同的物体,而且它们都具有相同的属性,这时就需要复制物体。复制物体不但能够提高制作模型的速度,而且也便于修改。Maya 软件提供了三种复制物体的方法。

1. 普通复制

使用菜单复制物体的特点是：复制的物体将与原物体完全重合在一起。操作步骤如下：

（1）选中一个模型，执行"编辑"→"复制"命令或按 Ctrl＋D 快捷键，即复制出一个新的模型。

（2）按 W 键，激活移动工具，即可将复制出的模型从重合位置移动出来，如图 2-22所示。

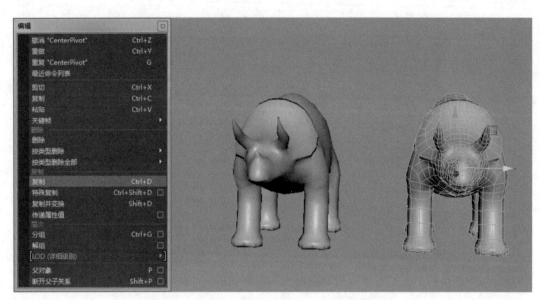

图 2-22

2. 连续复制

在建模过程中，为了连续快速地复制出等间距的物体，还提供了连续复制。操作步骤如下：

（1）选中一个模型，按 Ctrl＋D 快捷键，复制出一个新的模型。

（2）保持新复制出的模型是选中状态，按 W 键沿固定方向拖动一定距离。

（3）然后多次按下 Shift＋D 快捷键，即可复制出一系列等间距物体的模型，如图 2-23所示。

3. 特殊复制

除了基本的复制物体模型外，还可以通过执行"编辑"→"特殊复制"→"实例缩放"命令，通常称为关联复制，弹出"特殊复制选项"对话框进行相关设置，如图 2-24 所示。通常我们制作好一半模型，利用特殊复制实例缩放实现模型关联编辑，这样可以同时对整个模型进行编辑操作，提高建模效率。

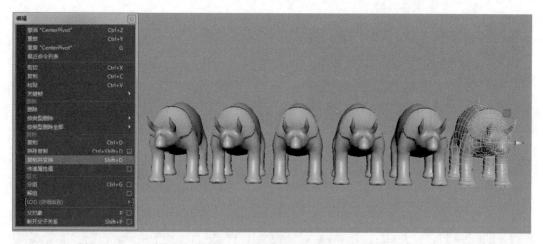

图　2-23

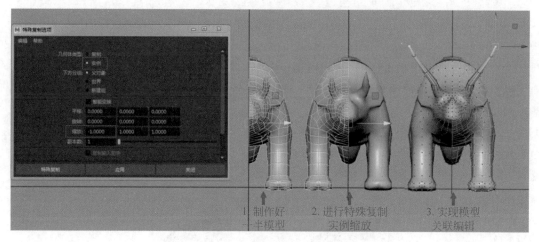

1. 制作好　　2. 进行特殊复制　　3. 实现模型
　一半模型　　　实例缩放　　　　关联编辑

图　2-24

2.11　镜　像　物　体

在制作模型时,每当遇到对称的物体,就可以使用镜像功能制作模型。Maya软件提供了两种常用镜像物体的方法。

2.11.1　复制加缩放

选中一个模型,执行"编辑"→"特殊复制"命令,在"特殊复制选项"对话框选中"复制"即镜像出一个新的模型。或按Ctrl＋D快捷键,先复制出一个模型,然后对复制出的模型按R键,激活缩放工具,修改其缩放X轴为－1,即可将复制出的模型从重合位置镜像出来,如图2-25所示。

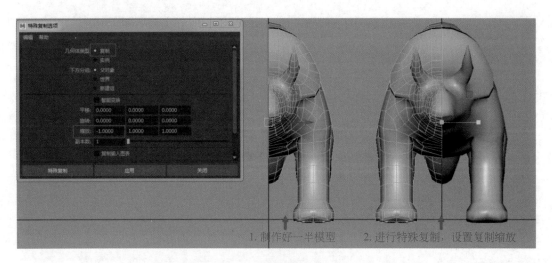

图　2-25

2.11.2　镜像

完成多边形一半模型（并删除其构建历史）后，需要通过跨对称轴对其进行复制来创建模型的另一半，以便拥有完整的模型。使用"网格"→"镜像几何体"命令可以生成多边形网格的镜像副本。

在跨对称轴复制模型的另一半之前，应检查所有边界的边是否沿对称轴放置。如果有任何边未沿该轴放置，应使用"捕捉对齐"命令使所有位于对称轴沿线的顶点对齐对称轴，如图 2-26 所示。如果沿线的顶点没有对齐对称轴，则可能导致两半模型之间存在间隙。

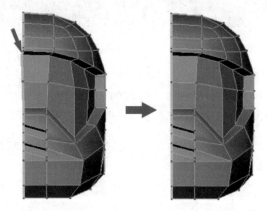

应使用"捕捉对齐"命令使所有位于对称轴沿线的顶点对齐对称轴

图　2-26

1. 确保边界顶点沿对称轴放置

（1）放大前视图，以便查看沿对称轴放置的顶点。如果网格上的任何顶点伸出 Y 轴，则需要结合使用"移动工具"和"捕捉到栅格"功能将这些顶点捕捉到 Y 轴。

> 提示 在早期的挤出操作中很可能出现伸出 Y 轴的顶点,因为挤出特征根据面法线挤出组件,所以有些顶点可能已经跨过对称轴。

(2) 在前视图中,使用"边界框"选项来选择应沿对称轴(Y 轴)放置的所有顶点。

(3) 在状态行上,启用"捕捉到栅格"。

(4) 在工具箱中,双击"移动工具"以显示其工具设置,并确保保留组件间距设置处于禁用状态。

(5) 在前视图中,将"移动工具"操纵器上的红色箭头向右拖动一小段距离,顶点立即捕捉到栅格线右端。

(6) 向左拖动操纵器,直到顶点捕捉到 Y 轴为止。

(7) 在状态行上,禁用"捕捉到栅格"。

(8) 在网格之外单击,取消选择顶点。

2. 镜像复制多边形网格

1) 镜像设置

(1) 切割几何体:确定是否从网格中移除断开切割平面的面。

(2) 几何体类型:指定使用"镜像"命令时 Maya 软件生成的网格类型。默认值为"复制"。

- 复制:当与原始对象组合处于禁用状态时,创建未链接到原始几何体的新对象。如果启用与原始对象组合,此选项将创建镜像组件的新壳,使其成为原始对象的一部分。
- 实例:创建要被镜像的几何体实例。创建实例时,并不是创建选定几何体的实际副本;相反,Maya 会重新显示实例化的几何体。
- 翻转:沿镜像轴重新定位选定几何体,这等同于用对象相应的比例属性乘以一1。

(3) 镜像轴位置:指定要镜像选定多边形对象的对称平面。默认值为"世界"。

- 边界框:相对于包含选定对象的不可见立方体的一侧镜像,如图 2-27 所示。

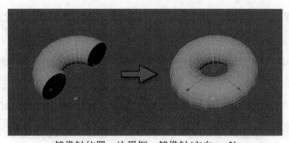

镜像轴位置:边界框 镜像轴/方向:+X

图 2-27

- 对象:相对于选定对象的中心镜像,如图 2-28 所示。
- 世界:相对于世界空间的原点镜像,如图 2-29 所示。

(4) 镜像轴:指定要镜像选定多边形对象的轴,以镜像轴位置为中心。默认值为 X。

(5) 镜像方向:指定在镜像轴上镜像选定多边形对象的方向。默认值为"正方向"。

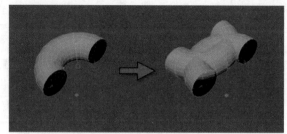

镜像轴位置：对象　镜像轴：X

图　2-28

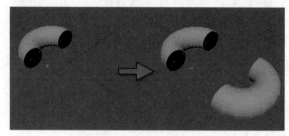

镜像轴位置：世界　镜像轴：X

图　2-29

2）合并设置

（1）与原始对象组合：将原始对象和镜像对象组合到单个网格中。因此，对原始对象所做的后续更改不会应用到镜像对象。默认值为"启用"。

（2）边界：指定如何将镜像组件接合到原始多边形网格。默认值为"合并边界顶点"。

- 合并边界顶点：根据合并阈值沿边界边合并顶点，如图2-30所示。
- 桥接边界边：创建新面，用于桥接原始几何体与镜像几何体之间的边界边，如图2-31所示。

图　2-30

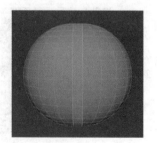

图　2-31

- 不合并边界：单独保留原始几何体组件和镜像几何体组件。

（3）合并阈值：当边界设置为合并边界顶点时，指定合并顶点的方法。默认值为"自动"。

- 自动：将顶点的逻辑对（即每个顶点及其镜像）合并到两个顶点之间的中心点。仅当顶点彼此位于由平均边界边长度的分数确定的特定距离阈值内(使其保持比例独立)时,才会合并顶点。

- 自定义:合并位于所设阈值(以场景单位表示)内的顶点。

(4) 平滑角度:将软化原始对象与副本之间的对称线上边界面形成的角度小于或等于平滑角度的边;否则,它们保持为硬边。默认值为 30。

3) UV 设置

(1) 翻转 UV:在指定的方向上翻转 UV 副本或选定对象的 UV 壳,具体取决于当前的几何体类型。默认值为"关闭"。

(2) 方向:当翻转 UV 处于启用状态时,指定在 UV 空间中翻转 UV 壳的方向。默认值为"局部 U 向"。

2.12　多边形建模常用工具

Polygon(多边形)建模早期主要用于游戏制作中,现在被广泛应用于电影制作中,Polygon 建模已经成为 CG 行业中与 NURBS 并驾齐驱的建模方式。在电影《最终幻想》中,Polygon 建模完全有能力把握复杂的角色结构,以及解决后续部门的相关问题;电影《魔比斯环》主要采用的也是 Polygon 建模。多边形从技术角度来讲比较容易掌握,在创建复杂表面时,细节部分可以任意加线,在结构穿插关系很复杂的模型中就能体现出它的优势。

Polygon 建模通常应用的命令和工具并不是很多,建议初学者掌握好 Maya 2020 建模工具包里涉及的命令和工具就足够用了。

2.12.1　建模工具包

开启建模工具包的方法:

(1) 可以执行"网格工具"→"显示建模工具包"命令,快速打开建模工具包。

(2) 可以执行状态行中的 ▓ 图标,快速打开建模工具包。

建模工具包可用来从一个窗口中启动多个建模工作流,如图 2-32 所示。

对象(Object)菜单:主要应用于模型的显示与隐藏,如图 2-33 所示。

(1) 显示/隐藏:切换选定对象的可见性。

(2) 冻结/解冻:冻结或解冻选定对象。冻结对象时无法选择该选项。

(3) 开启/关闭 X 射线:为选定对象切换 X 射线模式,使其处于半透明状态。

> 提示　X 射线模式在重新拓扑工作流中非常有用。在对所引用曲面着色时,用户可能难以看到使用四边形绘制工具创建的新拓扑。用户可以将引用曲面设置为 X 射线,同时将新拓扑保持不透明。

菜单

选择模式

选择选项

建模常用
命令工具

轴向设置
和捕捉设置

自定义工具

图　2-32

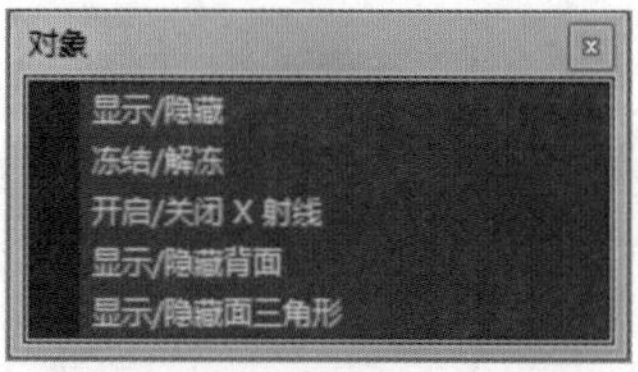

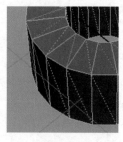

图　2-33

图　2-34

（4）显示/隐藏背面：切换选定对象的背面消隐。打开此选项后，Maya 会隐藏法线方向远离摄影机的面。

（5）显示/隐藏面三角形：切换选定对象上面三角形的可见性。启用后，Maya 会将所有面都显示为三角形，如图 2-34 所示。

2.12.2　建模工具包选择模式

1. 组件选择模式

组件选择模式主要包括对象选择、多组件（顶点选择、边选择、面选择）、UV 选择，通过单击图 2-35 所示按钮，可以在组件选择模式之间进行切换。

在模型创建过程中，经常应用的就是对象选择模式（F8 快捷键）和多组件选择模式（F7 快捷键）之间的来回切换。

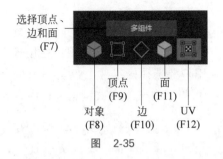

图 2-35

> 提示 按住 Ctrl 键并单击"选择模式"图标可将当前选择转换为该组件类型。

2．多组件模式

单击"多组件"按钮，进入多组件模式，还可以选择"菜单"→"组件"→"多组件"命令，或按快捷键 F7 来进入此模式。

在多组件模式下，用户可以处理三种组件类型，而不需要在选择模式之间进行更改。当从单个选择模式进入多组件模式时，用户的选择将自动保存。

当多组件模式处于活动状态时，顶点、边和面的选择模式按钮将在建模工具包窗口中亮显。

3．将组件选择转化为其他组件类型

下面通过一个简单示例，来讲解如何将选择点直接转化为选择面。创建一个多边形球体，开启建模工具包。在建模工具包中，首先选择"多组件模式"，然后选择"点选择"图标，选择我们想要编辑的点，这时再按住 Ctrl 键并单击"面选择模式"图标，系统会将当前所选择到的顶点自动转化为选择面，如图 2-36 所示。通过此种方法可以快速选择到我们想要的组件类型，提高建模制作效率。

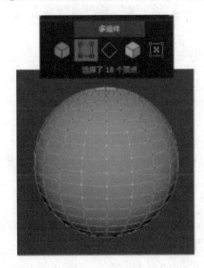

按住Ctrl键并单击
"面选择模式" 图标

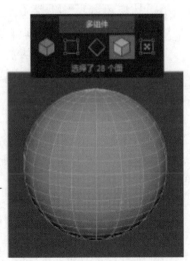

图 2-36

2.12.3　建模工具包选择选项

在"建模工具包"窗口中提供了以下选项，允许用户在场景中选择组件。

（1）拾取/框选：表示在用户要选择的组件上绘制一个矩形框。拖动框选框，然后按住 Alt 键并将其拖到新位置，可以通过交互方式调整框选内容。

> **提示**　使用 Tab 键可以在两个选择样式间快速地切换。框选后按住 Tab 键可临时激活 Tab 拖选选择，可让用户在现有框选中快速添加和移除组件。

（2）拖选：类似于没有笔刷大小的"绘制选择"。此选择样式可以让用户将光标拖到用户要选择的组件上。

（3）调整/框选：可用于调整组件或进行框选。当用户拖动组件时，Maya 将使用"调整"模式；当在对象周围的空白区域拖动光标时，Maya 将使用"框选"模式。

> **提示**　按住"`"键将激活调整模式，直到松开此键；按"`"键一次将激活调整模式，直到再次按"`"键。

（4）亮显背面：启用时，背面组件将被预先选择亮显并可供选择；禁用时，背面组件仍然可选，但不会被预先选择亮显。

（5）亮显最近组件：启用时，亮显距光标最近的组件，然后用户可以选择它。默认情况下，在"建模工具包"的"选择工具"设置中启用"亮显最近组件"；禁用"亮显最近组件"时，仅当将光标放置在组件顶部时才会亮显它们。

（6）基于摄影机的选择：默认禁用基于摄像机的选择。允许用户使用启用或自动设置。

（7）对称：禁用（默认）。允许用户定义启用"对象 X""对象 Y""对象 Z""世界 X""世界 Y""世界 Z"或"拓扑"设置。

（8）选择约束：禁用（默认）。允许用户定义"启用角度""边界""循环边""环形边""壳""UV 环形边"设置。详细讲解见 2.12.5 节。

（9）变换约束：禁用（默认）。允许用户定义启用"边滑动""曲面滑动"设置。详细讲解见 2.12.5 节。

2.12.4　软选择

启用"软选择"后，选择周围的衰减区域将获得基于衰减曲线的加权变换。如果此选项处于启用状态，并且未选择任何内容，则将光标移动到多边形组件上会显示软选择预览，如图 2-37 所示。

"软选择"选项设置如下。

（1）衰减模式：设定衰减区域的形状。衰减模式包括体积、表面、全局、对象四种模式。

- 体积：围绕选择延伸一个球形半径，并逐渐影响球形范围内的所有顶点。
- 表面：当"衰减模式"设置为"表面"后，衰减将基于符合表面轮廓的圆形区域。当软选择衰减与表面一致时，表面模式很有用。例如，可以使用基于表面的衰减模式，使角色面部的上嘴唇与下嘴唇分离。

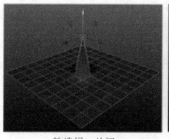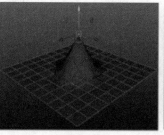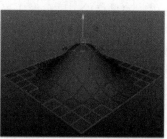

软选择：关闭　　　　　　　软选择：打开　　　　　　　软选择：打开
　　　　　　　　　　　　　衰减半径：5　　　　　　　　衰减半径：10

图　 2-37

- 全局：在"衰减模式"设置为"全局"时，衰减区域的确定方式与"体积"设置相同，只是"软选择"操作会影响"衰减半径"中的任何网格，包括不属于原始选择的网格。
- 对象：将"衰减模式"设置为"对象"后，可以使用衰减平移、旋转或缩放场景中的对象，而无须对对象本身进行变形。

（2）衰减半径：确定变形区域。在"衰减半径"字段中输入一个值，可调整该区域。

> 提示　使用 B 键可切换软选择模式。按住 B 键拖动鼠标中键可以调整软选择衰减区域的大小。

（3）衰减曲线：用于修改衰减的形状。曲线形状表示选定组件周围的衰减形状。可以单击图表来添加附加点到曲线，同时可以单击并拖动现有点来更改它们的位置。

（4）重置：将所有"软选择"设置为默认值。

2.12.5   建模工具包选择约束和变换约束

1. 选择约束

可以使用选择约束来快速预览和选择一组组件。

> 提示　使用鼠标中键单击 ■ 按钮可在上次选定的选择约束和"禁用"之间切换。

"建模工具包"中的选择约束不会进行过滤选择。以下选项使用循环边、环形边或壳时，会将选择扩展到同一网格上的其他组件。

（1）禁用：禁用选择约束。

（2）角度：启用时，将光标移至网格上会自动亮显指定的角度容差内的连续组件。单击亮显的区域会将其选中。

"角度"选择约束启用后，进行框选会选择选取框内的所有组件，并将选择扩展到选取框外处于指定角度容差内的所有组件。

> 提示　选择面后，会比较每个面法线的角度，以确定其是否在指定的角度容差范围内。选择边或顶点后，先转化为其关联的面，然后比较每个面法线的角度。

（3）边界：启用时，将光标移至网格上将自动亮显现有边界。单击亮显的边界会将其选中。如果框选范围包含边界组件，则仅选择选取框内的边界组件。

（4）循环边：启用时，将光标移至网格上将自动亮显循环边。单击亮显的循环边会将其选中。

"循环边"选择约束启用后，进行框选会选择选取框内的边及所有关联的循环边。在进行框选时，也可以添加和移除循环边。

> **提示** 只有"边"选择模式处于启用状态时，"循环边"选择约束才可用。

（5）环形边：启用时，将光标移至网格上将自动亮显环形边。单击亮显的环形边会将其选中。

"环形边"选择约束启用后，进行框选会选择选取框内的边及所有关联的环形边。在进行框选时，也可以添加和移除环形边。

> **提示** 只有"边"选择模式处于启用状态时，"环形边"选择约束才可用。

（6）壳：启用时，将光标移至网格上将自动亮显现有壳。单击亮显的壳会将其选中。此选项可用于由一系列单独片生成的对象，类似于使用"网格"→"结合"创建的网格。

2．变换约束

通过建模工具包中的变换约束，可以沿活动网格的边或曲面滑动组件。可以在"建模工具包"或任何变换工具的工具设置中启用变换约束。

> **提示** 使用鼠标中键单击■按钮可在上次选定的变换约束和"禁用"之间切换。

（1）禁用：默认禁用变换约束。使用变换工具不受约束地平移、旋转或缩放组件。

（2）边滑动：允许用户沿活动对象的边滑动选定组件。

（3）曲面滑动：允许用户在活动对象的曲面上滑动选定组件。

> **提示** 用户也可以使用"激活"将工具约束到曲面。例如，用户可以将"四边形绘制"工具约束到要重新拓扑的网格的曲面。"激活"处于活动状态期间，变换约束会遭到禁用。

2.12.6 建模工具包的命令和工具

建模工具包提供了在建模过程中最常用和使用频率最多的命令和工具，方便用户可以快速地创建和编辑多边形。

1．网格命令

在"网格"菜单中提供了如图 2-38 所示的命令。

图 2-38

1）结合

将选定的网格组合到单个多边形网格中。一旦多个多边形被组合到同一网格中，就只能在两个单独的网格壳之间执行其编辑操作，如图 2-39所示。

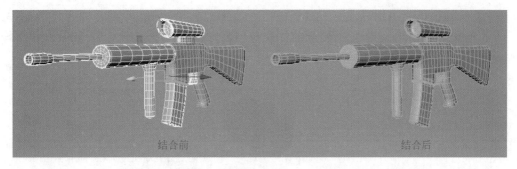

图   2-39

2）分离

将网格中断开的壳分离为单独的网格。可以立即分离所有壳，或者可以首先选择要分离的壳上的某些面，再指定要分离的壳，如图 2-40 所示。

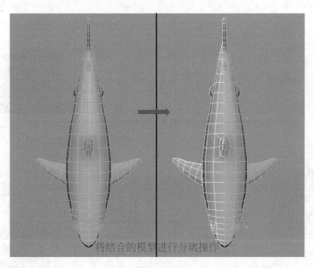

将结合的模型进行分离操作

图   2-40

3）平滑

通过选择多边形对象增加多边形分段以对其进行平滑处理，如图 2-41 所示。

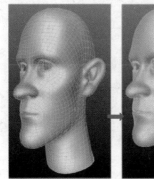
选择所有面然后进行平滑处理

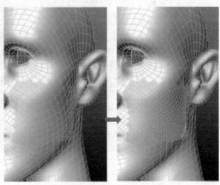
选择一些面然后进行平滑处理

图   2-41

4）布尔

执行布尔运算，以组合所选网格的体积。可以对多个对象执行相加、相减或相交操作，以创建复杂的新形状，如图 2-42 所示。

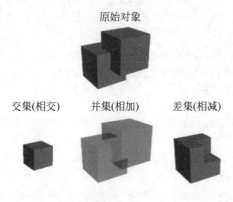

图 2-42

2．组件命令

在"组件"菜单中提供了如图 2-43 所示的命令。

1）挤出

该操作可以从现有边、面或顶点挤出新的多边形，如图 2-44 所示。

图 2-43

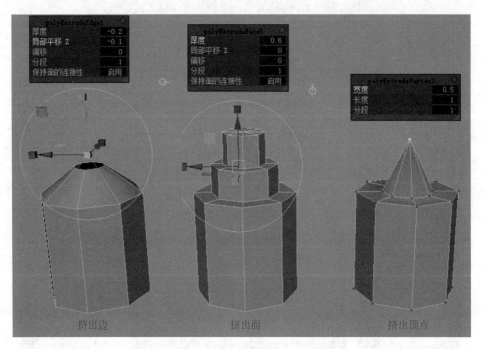

图 2-44

使用操纵器控制挤出的方向和距离。单击附加到操纵器的圆形控制柄可以在局部轴和世界轴之间进行切换。调整"视图编辑器"中的属性以编辑"挤出",如图 2-45 所示。

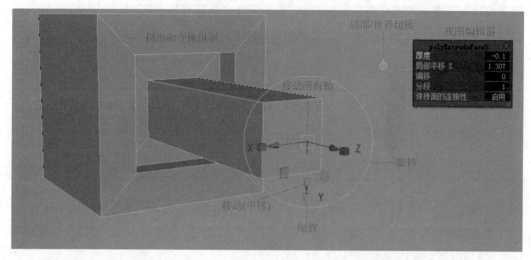

图　2-45

2）倒角

该操作可以对多边形网格的顶点进行切角处理,或使其边成为圆形边。在图 2-46 给出的示例中,多个角边为倒角,所有的倒角边长度都相等,并且新的线段均平行。

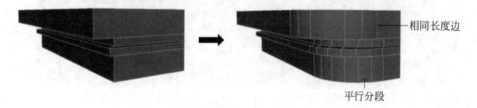

图　2-46

3）桥接

可在现有多边形网格上的两组面或边之间创建桥接。生成的桥接面将合并到原始网格中。如果需要通过一块网格将两组边连接到一起,桥接就十分有用。例如,将某个角色手臂上的手腕连接并合并到手上,如图 2-47 所示。

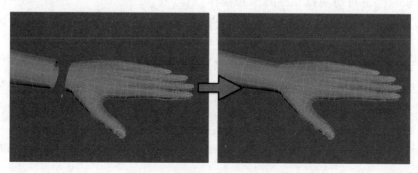

图　2-47

4）添加分段

该操作将选定的多边形组件（边或面）分割为较小的组件。在需要以全局方式或本地化方式将细节添加到现有多边形网格时，添加分段会非常有用，如图2-48所示。

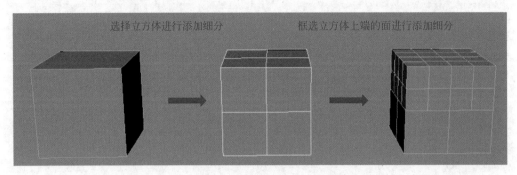

图 2-48

多边形面可以拆分为三边（三角形）或四边（四边形）面。边可以进行细分，这样就可以增加面的边数，如图2-49所示。

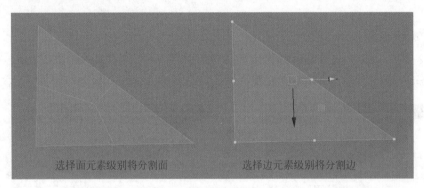

图 2-49

3. 工具

在"工具"菜单中提供了如图2-50所示的工具。

1）多切割

该工具允许用户对循环边进行切割、切片和插入。用

图 2-50

户可以沿着模型进行切割操作或删除边操作，通过对模型的边进行插入循环边或切割操作，在"平滑网格预览"模式下也可进行编辑，如图2-51所示。

2）目标焊接

该工具允许用户合并顶点或边以在它们之间创建共享顶点或边。只能在组件属于同一网格时进行合并，如图2-52所示。

（1）合并到目标：（默认）目标顶点将成为新顶点，源顶点将被删除。

（2）合并到中心：将在与源和目标组件等间距的地方创建新顶点或边，然后移除源和目标组件。

图　2-51

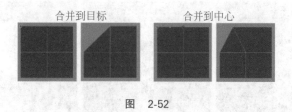

图　2-52

3）连接

该工具可以在多边形组件之间插入边来连接这些组件。顶点将直接连接到边,而边将在其中点处进行连接。插入边可以将细节添加到简单网格,如图 2-53 所示。

图　2-53

（1）滑动：指定在网格上的什么位置插入边。在将滑动设置为 0.50（默认值）时,边将插入面中间,如图 2-54 所示。

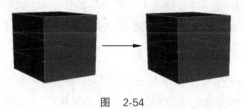

图　2-54

（2）分段：指定插入网格中的已连接的分段数,默认值为 1,如图 2-55 所示。

（3）收缩：指定外侧边和已连接分段之间的距离,如图 2-56 所示。

图 2-55　　　　　　　　　　　　　　　图 2-56

4）四边形绘制

该工具可用于创建约束到其他对象或平面的新网格。可以使用该工具执行如图 2-57
所示的操作。

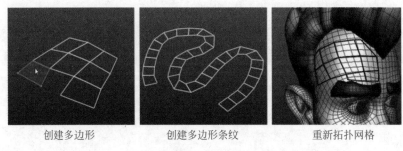

创建多边形　　　　　　　　创建多边形条纹　　　　　　重新拓扑网格

图　2-57

还可以通过四边形绘制工具使用"填充洞"命令，操作步骤如下：

（1）选择网格。

（2）激活四边形绘制工具。

（3）在按住 Shift 键的同时将光标移动到孔上。

（4）四边形绘制工具将进入预览模式。

如果要创建的面是三角形，它将以紫色亮显；如果要创建的面是四边形，它将以绿色
亮显，如图 2-58 所示。

图　2-58

当 Maya 的变换工具之一处于活动状态时，建模工具包中才显示变换工具设置。"移动
设置"可以自由设置所使用工具的轴方向以及开启或禁用"步长捕捉"功能，如图 2-59 所示。

2.12.7　建模工具包的自定义工具架

"自定义工具架"区域包含默认工具架中的图标，从而便于在建模工具包中对其进行

访问。

　　向"自定义工具架"添加图标：使用 Ctrl＋Shift＋鼠标中键组合键将图标从 Maya 的其中一个工具架拖动到"自定义工具架"区域。该图标将从其原始位置进行复制，并显示在"自定义工具架"中，如图 2-60 所示。

图　2-59

图　2-60

　　提示　若要从"自定义工具架"中移除图标，可在图标上右击并选择"删除"。

2.13　NURBS 建模常用命令

2.13.1　NURBS 概述

　　NURBS(非均匀有理数 B 样条线)是一种可以用来在 Maya 中创建 3D 曲线和曲面的几何体类型。Maya 提供的其他几何体类型为多边形和细分曲面。

　　(1)非均匀是指曲线的参数化。非均匀曲线允许多节点存在于其他内容中，这些节点是表示 Bezier 曲线时所需要的。

　　(2)有理数是指基本的数学表示。该属性允许 NURBS 除了表示自由曲线之外，还可以表示精确的二次曲线(如抛物线、圆形和椭圆)。

　　(3)B 样条是采用参数化表示的分段多项式曲线(样条线)。

　　NURBS 用于构建曲面的曲线具有平滑和最小特性，因此它对于构建各种有机 3D 形状十分有用。NURBS 曲面类型广泛运用于动画、游戏、科学可视化和工业设计领域。

　　通过使用 IGES 文件格式导出曲面，NURBS 3D 数据类型可以轻松地导出到 CAD 软件应用程序中。此外，Maya 可以从多个 CAD 软件应用程序中导入各种 Bezier 和 NURBS 数据类型。

　　NURBS 建模技术在设计与动画行业中占有举足轻重的地位，一直以来都是国外大型三维制作公司的标准建模方式，如迪士尼、皮克斯、PDI(太平洋影像公司)、工业光魔等，国内部分公司也在使用 NURBS 建模。NURBS 的优势是用较少的点控制较大面积的平滑曲面，以建造工业曲面和有组织的流线曲面见长。而且 Maya 在特效、贴图方面对 NURBS 的支持比较充分，使用 NURBS 模型在后续工作中会很方便。不过 NURBS 对拓扑结构要求严格，在建立复杂模型时会比较麻烦，这需要我们耐心地学习 NURBS 曲线建模和曲面建模两个菜单项。

2.13.2 NURBS 组件

1. 曲线组件

曲线组件主要包括编辑点、控制顶点、曲线点、对象模式、壳线等，如图 2-61 所示。

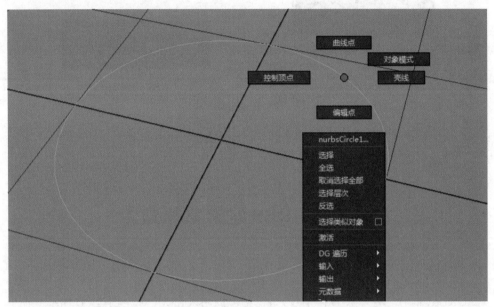

图 2-61

显示和选择曲线组件的最简单方式就是在对象上右击，然后选择组件类型，接着选择组件。

1）编辑点

较长且较复杂的曲线需要多条单跨度曲线。在绘制一条长的曲线时，应用程序实际上是一起添加多个曲线跨度，如图 2-62 所示。

当一条曲线由多个跨度以几种方式组成时，可以区分出来。一个方法是查找曲线上的编辑点，编辑点显示为 x，用于标记跨度之间的连接点。

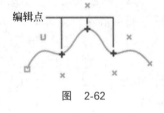

图 2-62

与 Bezier 曲线（在多个 2D 绘图程序中使用）上的控制点不同，NURBS 编辑点通常不用于编辑曲线。CV 将控制 NURBS 曲线的形状，并且，编辑点只是用于指示曲线包含的跨度数。Maya 中的所有 Bezier 曲线都是立方的，具有切线控制柄，通过调整切线控制柄来编辑曲线，即两个定位点之间的曲线由四个点（p1～p4）确定，如图 2-63 所示。

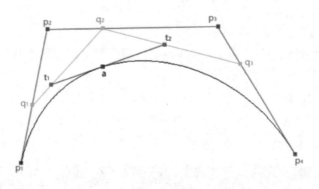

图 2-63

通常以下情况可以使用编辑点：

（1）若要更多地控制曲线，请插入编辑点来增加曲线中的跨度数，这样可以提供更多的 CV。

（2）要减少曲线中的跨度数（这样可能会改变曲线的形状），请删除编辑点。

（3）可以通过移动编辑点来改变曲线的形状，但是应避免这样做，除非只是进行小范围的调整。

2）控制顶点（CV）

CV 是位于同一位置的多个编辑点，用于在曲线中创建弧度弯曲或角点，如图 2-64 所示，它将是控制曲线形状的最基本和最重要的手段。连续 CV 之间的连线将形成控制壳线。

CV 的数量等于"曲线次数+1"。例如，次数为 3 的曲线，每个跨度就有 4 个 CV。若要增加 CV 的数量，以加强对曲线形状的控制，可以通过插入编辑点或增加曲线的次数来增加跨度数。

Maya 将有区别地绘制 CV，以区分曲线的起点和终点。第一个 CV（在曲线的起点处）将绘制为长方体，其他 CV 都将绘制为很小的点。

3）壳线

随着曲线的跨度和编辑点的增多，可能会无法追踪 CV 的顺序。为了显示 CV 之间的关系，Maya 可以在 CV 之间绘制连线，这些连线称为壳线，如图 2-65 所示。

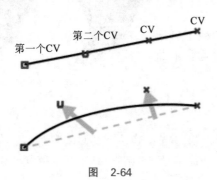

图 2-64

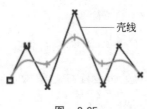

图 2-65

壳线有以下几种用途：

（1）显示拥挤场景中的 CV 顺序。

（2）当对象周围挤满 CV，无法准确地确定当用户调整部分模型时哪些相邻的 CV 将受到影响，此时要显示 CV 的形状。

（3）一次选择整行的 CV。

2．曲面组件

曲面组件主要包括曲面点、控制顶点、等参线、壳线等，如图 2-66 所示。

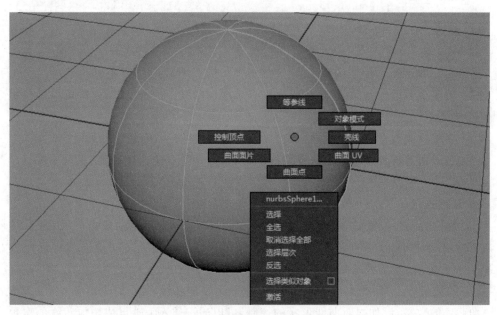

图 2-66

3．将 NURBS 转化为多边形

如果要求在场景中使用多边形类型，则可以先使用 NURBS 构建曲面，然后再将其转化为多边形，如图 2-67 所示。

选择 NURBS 曲面，然后执行"修改"→"转化"→"NURBS 到多边形"命令，此时将在与 NURBS 曲面相同的位置创建曲面的多边形表示。

如果转化 NURBS 曲面时，"构建历史"处于启用状态，则可以编辑 NURBS 曲面，并重新创建多边形曲面以进行匹配。

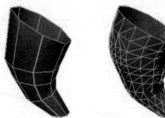

图 2-67

2.13.3 绘制 NURBS 曲线

用户可以通过放置 CV、编辑点或徒手绘制的方式来绘制 NURBS 曲线。如果使用 CV 或编辑点绘制，则曲线会自动平滑；如果徒手绘制，则曲线会完全遵循工具提示的路径。

开始绘制之前,用户可能需要通过选择选项框来查看或设置工具选项。例如,选择"创建"→"曲线工具"→"CV 曲线工具",可查看"CV 曲线工具"选项。

1. 通过放置 CV 绘制 NURBS 曲线

执行"创建"→"曲线工具"→"CV 曲线工具"命令,以放置这些 CV,按 Enter 键以完成曲线绘制。

> 提示　若要移除放置的最后一个 CV,请按 Delete 键。若要切换到编辑 CV,请按 Home 或 Insert 键。操纵器将显示在最后一个 CV 上,使用操纵器移动该 CV,按 Delete 键删除一个分段,或单击另一个 CV 对其进行编辑。再次按 Home 或 Insert 键可返回到添加 CV。

2. 通过放置编辑点绘制 NURBS 曲线

(1) 如果希望曲线通过特定点,则使用编辑点绘制。此绘制方法将根据指定编辑点的位置计算 CV 的位置。

(2) 选择"创建"→"曲线工具"→"EP 曲线工具"以放置编辑点。

> 提示　若要切换到编辑点,请按 Home 或 Insert 键。操纵器将显示在最后一个点上,使用操纵器移动该点,按 Delete 键删除一个分段,或单击另一个点对其进行编辑。再次按 Home 或 Insert 键可返回到添加点。

(3) 按 Enter 键以完成曲线。

3. 铅笔绘制 NURBS 曲线

(1) 执行"创建"→"曲线工具"→"铅笔曲线工具"命令。

(2) 拖动以绘制曲线草图,松开鼠标按钮时,曲线已绘制。

(3) "铅笔曲线工具"会创建具有大量数据点的曲线,使用"曲线"→"重建"命令可简化曲线。

> 提示　绘制曲线时,如果该点距上一个点至少 5 个屏幕像素,则点将放在视图中。如果在正交视图(前视图、顶视图或侧视图)中绘制草图,曲线将放在原点处的视图平面上。如果在透视视图中绘制草图,曲线将放在栅格平面上。

4. 创建圆弧

通过此工具可以指定两个或三个端点,然后操纵"中心点/半径"来创建圆弧。

1) 创建两点圆弧

(1) 执行"创建"→"曲线工具"→"两点圆弧工具"命令。

(2) 单击以放置圆弧的第一个端点(曲线上的点)和第二个端点。

(3) Maya 会显示一个针对新圆弧的操纵器。

(4) 拖动其中任意一个点移动这些点,按 Enter 键以完成圆弧。

2) 创建三点圆弧

(1) 执行"创建"→"曲线工具"→"三点圆弧工具"命令。

（2）单击以放置圆弧的三个端点。

（3）Maya 会显示一个针对新圆弧的操纵器。可以执行下列任一操作：拖动端点或中心点以移动它们；单击圆可切换圆弧在端点之间移动的方向；按 Enter 键以完成圆弧。

3）在创建后编辑圆弧

（1）在"通道盒"中找到"输入节点"，然后再选择要更改的圆弧关联的 makeTwoPointCircularArc1（两点圆弧属性）或 makeThreePointCircularArc1（三点圆弧属性）节点进行编辑。

（2）在"修改"菜单下找到"变换"工具，然后在其下拉菜单中找到"显示操纵器"工具，使用此工具也可以对圆弧进行编辑。

> 提示　使用圆弧工具不能创建完整的圆。想创建完整的圆，请执行"创建"→"NURBS 基本体"→"圆形曲线"命令。圆弧中的点不能具有完全一样的位置。

2.13.4　编辑曲线

1）锁定长度（Lock Length）

选择"锁定长度"时，选定的曲线（或选定的 CV）将保持恒定的壳线长度。然后，如果修改曲线（如，通过移动 CV），曲线的形状将会调整，以便保持恒定的壳线长度（即，除了移动的 CV 以外的其他的 CV 也将发生移动）。第一次锁定曲线的长度时，"锁定长度"属性会添加到 curveShape 节点中。可以使用 l（小写的 L）键作为临时热键。按住 l 键可以锁定选定曲线的长度；释放 l 键可以解除锁定曲线的长度。

2）解除锁定长度（Unlock Length）

选择"解除锁定长度"时，选定的曲线（或选定的 CV）将不再保持恒定的壳线长度。然后，如果修改曲线（如，通过移动 CV），则曲线的壳线长度将不再保持恒定（即，仅移动的 CV 发生实际移动）。选择"解除锁定长度"时，curveShape 的"锁定长度"属性处于禁用状态。

3）弯曲（Bend）

使选定曲线（或选定 CV）朝一个方向弯曲。曲线的第一个 CV 将保持其原始位置。执行"曲线"→"弯曲"命令。

4）卷曲（Curl）

卷曲选定曲线（或选定 CV）以使其类似螺旋状态。曲线的第一个 CV 将保持其原始位置。执行"曲线"→"卷曲"命令。

> 提示　不对一条曲线应用两次"卷曲"，第二次"卷曲"将会产生不理想的结果，因为它尝试卷曲已卷曲的曲线。

5）缩放曲率（Scale Curvature）

根据"比例因子"和"最大曲率"值，使选定曲线（或选定 CV）更直，或扩大其现有曲率。执行"曲线"→"缩放曲率"命令。

6）平滑（Smooth）

使选定曲线（或选定 CV）更平滑。曲线的第一个和最后一个 CV 将保留它们的原始位置。执行"曲线"→"平滑"命令。

7）拉直（Straighten）

使选定曲线（或选定 CV）更直（以曲线第一分段的方向）。曲线的第一个 CV 将保持其原始位置。执行"曲线"→"拉直"命令。

8）复制曲面曲线（Duplicate Surface Curves）

基于选定的曲面边、等参线或曲面上的曲线创建新的 NURBS 曲线。执行"曲线"→"复制曲面曲线"命令。

9）对齐（Align）

对齐曲线的端点。执行"曲线"→"对齐"命令。

10）添加点工具（Add Points Tool）

使用该工具可以将点添加到选定曲线的末端。

11）附加（Attach）

将 NURBS 曲线在端点接合起来，以形成一条新曲线。可以选择两条或多条曲线进行附加。

12）分离（Detach）

将一条曲线分割为两条新曲线。

13）编辑曲线工具（Edit Curve Tool）

在单击的曲线上将显示一个操纵器，通过它可以更改曲线上任意点的位置和方向。调整"切线操纵器大小"以控制操纵器上切线方向控制柄的长度，如图 2-68 所示。

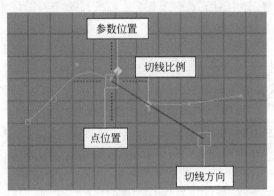

图　2-68

14）移动接缝（Move Seam）

将闭合/周期曲线的接合点移动到选定的编辑点。

15）开放/闭合（Open/Close）

在开放和闭合/周期之间转化曲线。执行"曲线"→"开放/闭合"命令。

16）圆角（Fillet）

在两条不相交的独立曲线之间创建一条曲线。可以创建圆形或自由形式圆角，如图 2-69 所示。自由形式圆角提供更多的位置和形状控制。

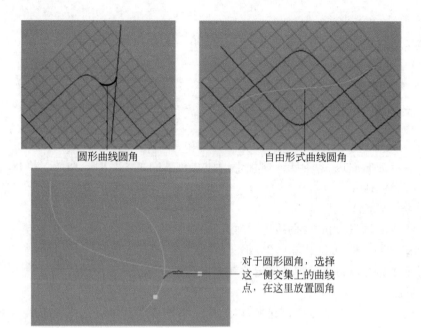

圆形曲线圆角   自由形式曲线圆角

对于圆形圆角，选择
这一侧交集上的曲线
点，在这里放置圆角

图 2-69

17）剪切（Cut）

在平面视图中，曲线与曲线相交，或者曲线与曲线没有相交但有穿插，这两种情况下执行该命令就会分割曲线。执行"曲线"→"切割"命令。

18）相交（Intersect）

创建曲线点定位器，其中两条或更多条独立曲线按某个视图或方向彼此接触或交叉。执行"曲线相交"命令通常与"曲线"→"切割"命令、"曲线"→"分离"命令和"捕捉到点"命令一起使用。

19）延伸（Extend）

延伸一条曲线，或者创建一条新曲线作为延伸。执行"曲线"→"延伸"→"延伸曲线"命令，或者执行"曲线"→"延伸"→"延伸曲面上的曲线"命令。

20）插入结（Insert Knot）

在选定曲线点处插入编辑点。执行"曲线"→"插入结"命令。

21）偏移（Offset）

创建所选内容的副本，从原始位置偏移一定的距离。执行"曲线"→"偏移"→"偏移曲线"命令，或者执行"曲线"→"偏移"→"偏移曲面上的曲线"命令。

22）CV 硬度（CV Hardness）

设定选定 CV 的多重性。执行"曲线"→"CV 硬度"命令。

23）拟合 B 样条线（Fit B-spline）

将一个三次（立方）线拟合到一次（线性）曲线中。从其他产品（其中曲线次数为 1）导入曲线、表面和数字化数据后，通常会执行"曲线"→"拟合 B 样条线"命令。

24）投影切线（Project Tangent）

使曲线切线端点或曲率与另一个曲线或曲面连续。执行"曲线"→"投影切线"命令。

25）平滑（Smooth）

在选定曲线中平滑折点，再次选择该命令以提高平滑度。执行"曲线"→"平滑"命令。

26）Bezier 曲线（BezierCurves）

可用于更改 Bezier 曲线上的选定锚点（控制顶点）或选定切线。执行"曲线"→"Bezier曲线"→"切线"命令，然后选择"Bezier 曲线切线"；或者执行"曲线"→"Bezier 曲线"→"锚点预设"命令，然后选择"Bezier 曲线锚点预设之一"。

27）重建（Rebuild）

执行各种操作以修改选定曲线的段数。执行"曲线"→"重建"命令。

28）反转方向（Reverse Direction）

反转选定曲线的方向。执行"曲线"→"反转方向"命令。

2.13.5　创建曲面

1）放样（Loft）

沿一系列剖面曲线蒙皮曲面。执行"曲面"→"放样"命令，如图 2-70 所示。

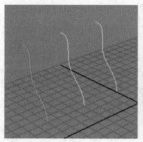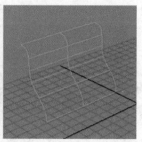

图　2-70

2）平面（Planar）

在边界曲线内创建平面曲面。执行"曲面"→"平面"命令，如图 2-71 所示。

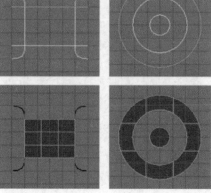

原始曲线

平面已修剪曲面

图　2-71

3）旋转（Revolve）

绕枢轴点旋转剖面曲线来扫描曲面。执行"曲面"→"旋转"命令，如图 2-72 所示。

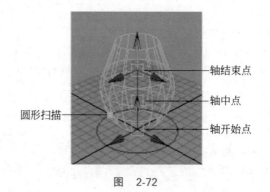

圆形扫描
轴结束点
轴中点
轴开始点

图　2-72

4）双轨成形（Birail）

通过沿两条路径曲线扫描一系列剖面曲线创建一个曲面。生成的曲面可以与其他曲面保持连续性。"双轨成形工具"中的选项可用于沿两条路径（轨道）曲线扫描 1 条、2 条或 3（或更多）条横截面曲线。生成的曲面通过剖面曲线进行插值。

执行"曲面"→"双轨成形"→"双轨成形 1 工具"/"双轨成形 2 工具"/"双轨成形 3＋工具"命令，如图 2-73 所示。

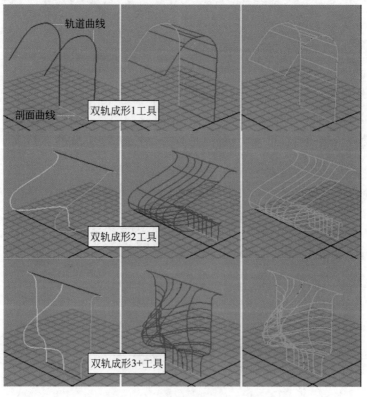

轨道曲线
剖面曲线
双轨成形1工具
双轨成形2工具
双轨成形3+工具

图　2-73

5）挤出（Extrude）

通过沿路径曲线扫描剖面曲线来创建曲面。执行"曲面"→"挤出"命令，如图2-74所示。

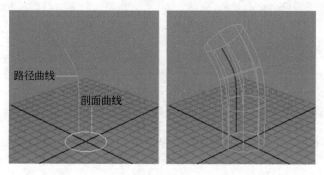

图　2-74

6）边界（Boundar）

通过在边界曲线之间进行填充来创建曲面。执行"曲面"→"边界"命令，如图2-75所示。

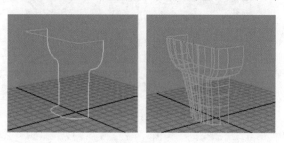

图　2-75

7）方形（Square）

通过填充由四条相交边界曲线定义的区域，创建一个四边曲面。根据用户设定的选项，生成的曲面可以与周围曲面保持连续性。可以使用曲线、等参线、曲面边或曲面上的曲线作为方形曲面边界的曲线类型。

按顺时针方向或逆时针方向选择四条相交的曲线，执行"曲面"→"方形"命令，如图2-76所示。

> 提示　要创建方形曲面，必须满足两个条件：
>
> （1）四条边界曲线必须相交。通过将曲线端点捕捉到一条公共栅格线，或者通过将一条曲线的端点磁体捕捉到另一条曲线的端点，可以确保曲线相交。
>
> （2）必须按顺时针方向或逆时针方向选择曲线。

8）倒角（Bevel）

从剖面曲线创建倒角切换曲面。选择文本曲线，执行"曲面"→"倒角"命令，如图2-77所示。

9）倒角插件（Bevel Plus）

可用于创建倒角过渡曲面，其控制程度高于常规倒角。"倒角插件"对创建实体字母

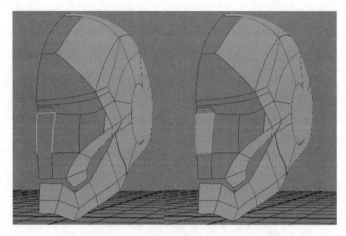

图 2-76

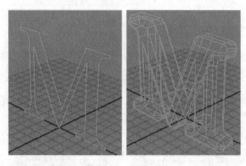

图 2-77

和徽标非常有用。

　　选择单条曲线。对于带洞的形状（如字母 A），请首先选择外部曲线，然后选择内部曲线，执行"曲面"→"倒角＋"命令，如图 2-78 所示。

图 2-78

2.13.6　编辑曲面

　　1）复制 NURBS 面片（Duplicate NURBS Patch）
在选定的 NURBS 面片中创建新的曲面。执行"曲面"→"复制 NURBS"面片命令。
　　2）对齐（Align）
使曲面的边相切或曲率连续。执行"曲面"→"对齐"命令。

3）附加（Attach）

将两个曲面接合在一起形成单个曲面。执行"曲面"→"附加"命令。

4）附加而不移动（Attach WIthout Moving）

通过重新定形端点而非移动对象来附加选定曲线或曲面。

5）分离（Detach）

将一个曲面按照选定等参线分割为多个曲面。执行"曲面"→"分离"命令。

6）移动接缝（Move Seam）

将闭合/周期曲面的接缝移动至选定的等参线。

7）开放/闭合（Open/Close）

在开放和闭合/周期之间转化曲面。执行"曲面"→"开放/闭合"命令。

8）相交（Intersect）

无论何处，只要两个曲面相交，便创建曲面上的曲线。执行"曲面"→"相交"命令。

9）在曲面上投影曲线（Project Curve on Surface）

通过在曲面上投影 3D 曲线创建曲面上的曲线。执行"曲面"→"在曲面上投影曲线"命令。

10）修剪工具（Trim Tool）

隐藏由曲面上的曲线定义的曲面的若干部分。执行"曲面"→"修剪工具"命令。

11）取消修剪（Untrim）

撤销对曲面的上次修剪或所有修剪。执行"曲面"→"取消修剪"命令。

12）延伸（Extend）

延伸曲面的一条边。执行"曲面"→"延伸"命令。

13）插入等参线（Insert Isoparms）

在选定等参线上添加编辑点等参线。执行"曲面"→"插入等参线"命令。

14）偏移（Offset）

为选定曲面创建副本，并将其偏移一定的距离。执行"曲面"→"偏移"命令。

15）圆化工具（Round Tool）

沿现有曲面之间的边创建圆形过渡曲面。执行"曲面"→"圆化工具"命令，如图 2-79 所示。

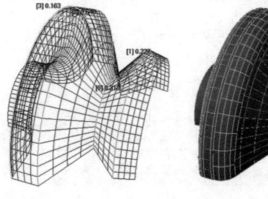

图　2-79

可以在创建完成后选择"圆化"（Round）节点，并使用"通道盒""属性"编辑器或"显示操纵器工具"编辑圆角半径。如果无法使用当前半径构建圆角，该边的操纵器将被绘制为红色，如图 2-80 所示。

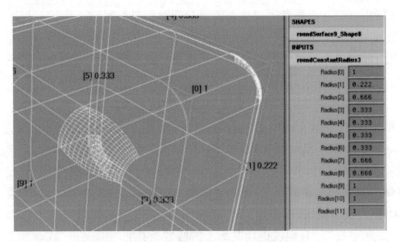

图　2-80

提示　（1）重叠半径会导致失败，或产生不可预测的结果。为了解决这个问题，可以在创建圆角后，使用"显示操纵器工具"来编辑半径。在执行圆角工具操作时，两个曲面之间的夹角小于 15°或大于 165°，都会产生不正确的圆角曲面。

（2）要圆化的边必须来自单独曲面。

（3）如果边的长度不同，则只为较短的边创建圆角曲面。

（4）不能在超过三条边上使用圆化工具。例如，可以在立方体的所有边上使用圆化工具，但无法在棱锥顶部使用该工具。

（5）如果圆角开始自相交，锐角点可能出现问题。

（6）半径操纵器只在曲面以近似 90°的角度相交时才计算圆角曲面。

16）缝合（Stitch）

可用于将点、边或曲面缝合在一起。

（1）首先选择第一个曲面上的点，其次选择第二个曲面上的点，然后执行"曲面"→"缝合"→"缝合曲面点"命令。

（2）首先选择"曲面"→"缝合"→"缝合边"工具，然后选择要缝合在一起的两个曲面上各自的等参线，按 Enter 键完成缝合，如图 2-81 所示。

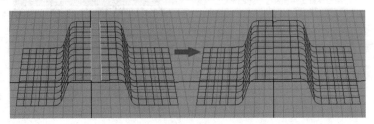

图　2-81

（3）选择"曲面"→"缝合"→"全局缝合"命令。"全局缝合"用于防止在变形动画过程中相邻曲面裂开。它通过将两个或更多相邻曲面自动缝合在一起来发挥作用。即使各曲面被缝合，但它们仍是单独的实体。该操作会创建一个"全局缝合"节点，以保持曲面边之间的关系。作为缝合操作的一部分，"全局缝合"还可以使相邻曲面之间的小间距合拢，如图 2-82 所示。

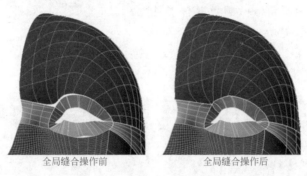

全局缝合操作前　　　　　　　全局缝合操作后

图　2-82

17）曲面圆角（Surface Fillet）

在两个现有曲面之间创建圆角曲面（圆角混合工具）、圆形圆角曲面（圆形圆角）或具有可配置偏移的圆角曲面（自由形式圆角）。

（1）圆形圆角。选择曲面球体和曲面圆柱体，执行"曲面"→"曲面圆角"→"圆形圆角"命令，如图 2-83 所示。

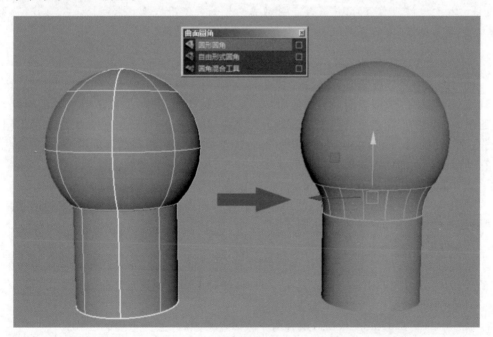

图　2-83

（2）自由形式圆角。选择每个曲面上的一条等参线或曲面上的曲线，作为圆角的开始点和结束点，执行"曲面"→"曲面圆角"→"自由形式圆角"命令，如图 2-84 所示。

（3）圆角混合工具可以在曲面曲线集所定义的两个边界之间构建混合。例如，可以使用该工具创建在生物的手臂和躯干之间形成平滑连接的曲面。执行"曲面"→"曲面圆角"→"圆角混合工具"命令，其次单击形成第一条边界的曲面曲线，然后按 Enter 键，再次单击形成第二条边界的曲面曲线，然后按 Enter 键，如图 2-85 所示。

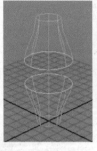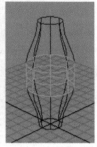

图　2-84

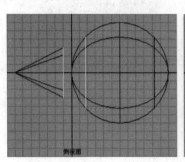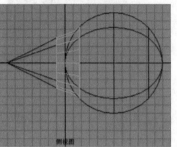

图　2-85

> 提示　可以使用等参线、边或曲面上的曲线进行曲面圆角混合。如果编辑为混合提供输入曲线的曲面，那么该混合会自动更新。如果使用操纵器控制柄调整直线（例如两个平面的边）之间的圆角混合，可能产生扭曲和异常结果。

18）雕刻几何体工具（Sculpt Geometry Tool）

使用该工具可以雕刻 NURBS 和多边形。"雕刻几何体工具"允许用户使用笔刷快速手动雕刻 NURBS 模型表面。只需使用"雕刻几何体工具"推拉 CV 得到想要的形状，即可绘制曲面网格。此效果类似于雕刻黏土。使用"雕刻几何体工具"可以执行 6 种不同的操作：推动、拉动、平滑、松弛、收缩和擦除，如图 2-86 所示。根据曲面的类型，运用这些操作移动曲面组件的位置来雕刻曲面形状。

19）曲面编辑（Surface Editing）

将操纵器附着到单击的曲面，使用户可以在该曲面的任意点上设置位置和形状。执行"曲面"→"曲面编辑"→"曲面编辑工具"命令，如图 2-87 所示。

20）布尔（Boolean）

布尔功能可以用于在一个操作中修剪多个 NURBS 曲面。布尔功能将提供更快的工作流程，因为其可允许用户一次修剪多个曲面，同时无须分别与每个曲面相交。

Maya 中布尔操作的三种可能类型如图 2-88 所示。

（1）并集布尔（Union Tool），组合两个或多个对象，并丢弃重叠的区域。

（2）交集布尔（Difference Tool），组合两个或多个对象，并仅保持重叠的区域。

（3）差集布尔（Intersection Tool），组合两个或更多对象，并从第一个对象中减去重叠区域。

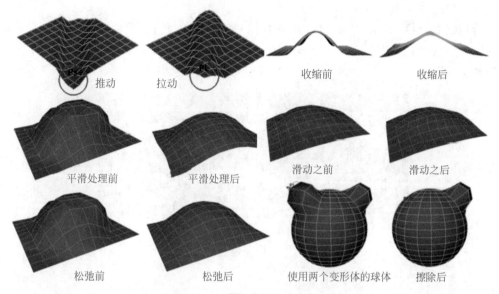

推动　　　拉动　　　　　收缩前　　　　　收缩后

平滑处理前　　　平滑处理后　　　滑动之前　　　　滑动之后

松弛前　　　　松弛后　　　使用两个变形体的球体　　擦除后

图　　2-86

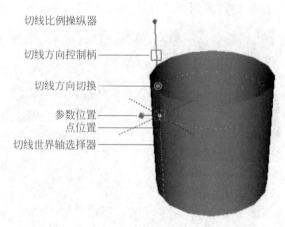

切线比例操纵器

切线方向控制柄

切线方向切换

参数位置
点位置
切线世界轴选择器

图　　2-87

并集布尔　　　　交集布尔　　　　差集布尔

图　　2-88

> 提示　应用三种布尔操作时，首先选择相关命令，然后选择物体按 Enter 键，最后再选择另一个物体按 Enter 键，确认执行运算。

21）重建曲面（Rebuild Surface）

对选定曲面执行 U 向次数和 V 向次数的修改操作来进行重建曲面。通常生成曲面，默认 U 向次数为 3，我们可以将 U 向次数更改为 2，曲面效果如图 2-89 所示。执行"曲面"→"重建"命令。

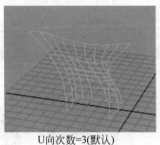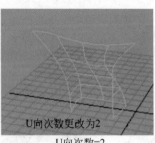

U向次数=3(默认)　　　　　　　　U向次数=2

图　2-89

22）反转方向（Reverse Direction）

反转或交换选定曲面的 U 方向和 V 方向。通常在创建的曲面是黑色的情况下，代表曲面的法线是反向的，这时执行"曲面"→"反转方向"命令，如图 2-90 所示。

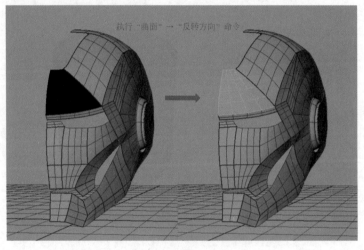

图　2-90

2.14 习　　题

（1）曲面模型和多边形模型的基本组件分别是什么？

（2）建模过程中经常要用到的捕捉对象操作方式有哪几种？

（3）简述 Maya 中复制物体的三种方法。

（4）简述 Maya 中镜像物体的两种方法。

第 3 章

Chapter 03

Maya基础建模

本章学习目标

- 了解什么是三维建模
- 理解并掌握多边形建模与曲面建模的原理
- 掌握多边形建模与曲面建模的流程

本章以苹果建模和火箭建模为例进行基础建模的学习。先从一个简单的苹果建模案例入手，学习如何利用多边形建模和曲面建模两种建模方法在Maya软件中创建三维模型；之后是火箭建模案例，学习将二维的UI图标变成立体的三维模型的制作流程。通过这两个案例可以让读者快速地了解什么是建模，了解多边形建模与曲面建模的原理和特点，帮助初学者快速入门，为后面的高级三维建模制作打下一个良好的基础。

视频讲解

3.1 苹果多边形建模

案例分析

  本节以简单的苹果建模为例,学习利用多边形建模的方法来创建苹果模型。建模之前先来分析一下苹果的造型。苹果外形可以用球体概括,上下各有一个凹槽,通常上端比下端宽一些,上面凹槽长有"苹果把"(苹果果蒂)并且还长有树叶,如图 3-1 所示。

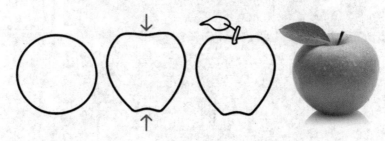

图 3-1

命令应用

多边形球体	移动工具	旋转工具	光滑命令
多边形圆柱体	缩放工具	挤出命令	

制作思路

  创建基本形→创建大形→模型细化

案例步骤

3.1.1 创建基本形

  Step1 首先打开 Maya 软件,切换到建模模块,选择"创建"→"多边形基本体",然后取消选中"交互式创建",如图 3-2 所示。

  Step2 单击工具架中的"多边形球体"图标,可以直接创建出多边形球体,如图 3-3 所示。

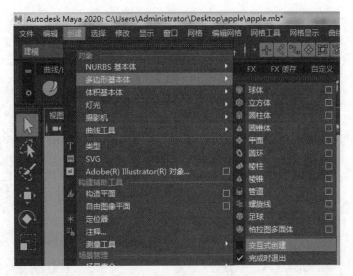

图　3-2

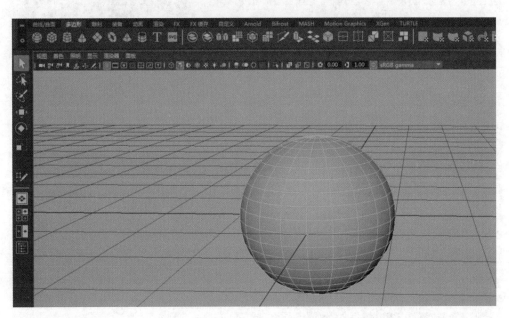

图　3-3

Step3　为了快速有效地建模,先设置一下球体的基本属性。选中球体,在"通道盒/层编辑器"栏下的"输入"节点处设置轴向细分数为 6,高度细分数为 6,如图 3-4 所示。

Step4　在球体上右击选择"顶点",对选中球两端的顶点,按数字键 4 进行线框显示操作,切换成 R 键进行 Y 轴上下缩放操作,做出苹果上下凹槽的部分,如图 3-5 所示。

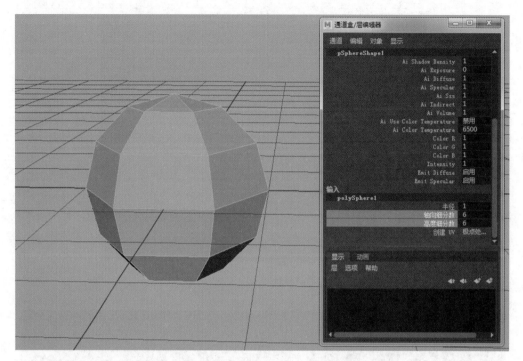

图　3-4

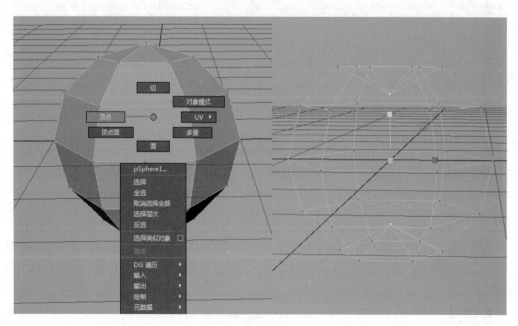

图　3-5

Step5　苹果造型上宽下窄,框选球体上端的点,分别进行缩放和移动操作。按数字键3进行光滑显示操作,这样苹果的大体造型就制作完成了,如图3-6所示。

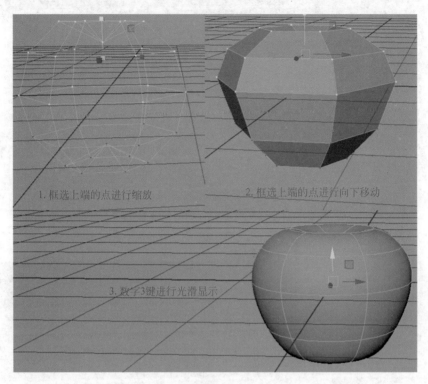

1.框选上端的点进行缩放

2.框选上端的点进行向下移动

3.数字3键进行光滑显示

图　3-6

3.1.2　创建大形

Step1　继续丰富苹果顶部凹陷的细节。按住 Alt 键加鼠标左键可以旋转视窗,选中顶部上端和下端的点,执行"编辑网格"→"切角顶点"命令,这样这个点会立即变成一个面,宽度设置为 0.1,如图3-7所示。

Step2　接着右击选择"面",选中上端和下端的面,执行"编辑网格"→"挤出"命令,如图3-8所示。

Step3　然后选中操作手柄的蓝色移动坐标向下移动,"局部平移 Z"设置为−0.1,做出苹果的凹槽效果。苹果模型完成后,需要右击图片选择"对象模式"结束操作,如图3-9所示。

3.1.3　模型细化

Step1　苹果果蒂的造型可以使用圆柱体,执行"创建"→"多边形基本体"→"圆柱体"命令,如图3-10所示。

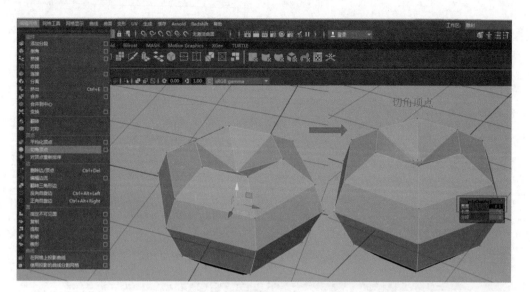

图 3-7

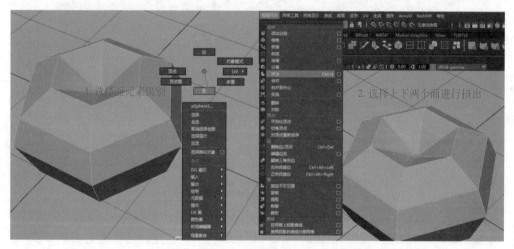

图 3-8

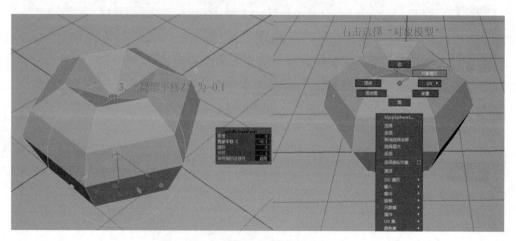

图 3-9

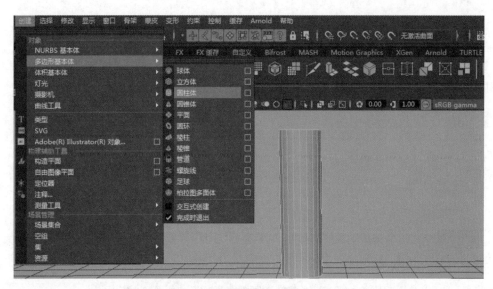

图　3-10

Step2　为了快速有效地建模,先设置一下圆柱体的属性。选中圆柱体,在"通道盒/层编辑器"栏下的"输入"节点处调整半径为 0.05,高度为 1,轴向细分数为 4,高度细分数为 4,端面细分数为 0,如图 3-11 所示。

图　3-11

Step3　在圆柱体上右击选择"顶点"元素,对苹果果蒂进行编辑,完成效果如图 3-12 所示。详细操作请参看配套的微课视频。

图　3-12

Step4　至此苹果模型制作完成，为了丰富画面，再复制一个苹果，然后给苹果赋予材质链接贴图，如图 3-13 所示。

图　3-13

Step5　设置灯光，开启 Arnold 渲染器，渲染效果如图 3-14 所示。

图　3-14

3.2　苹果曲面建模

　　本节学习苹果模型的另外一种创建方法——利用曲面和曲线的造型方法创建模型。曲面建模通常通过曲线和曲面来创建模型。

　　NURBS 球体　　　　　　插入等参线　　　　　　放样命令　　　　　　　平面命令
　　壳线

　　曲面造型→曲线造型

3.2.1　曲面造型

Step1　单击如图 3-15 所示的工具架上的图标创建一个 NURBS 球体。

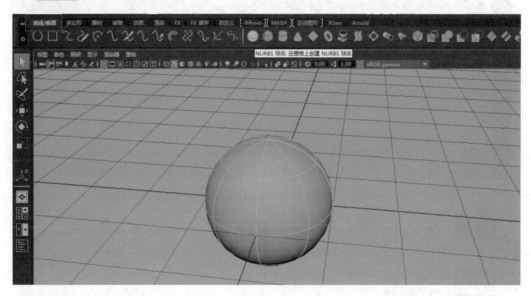

图　3-15

Step2　在 NURBS 球体上右击选择"等参线",如图 3-16 所示。

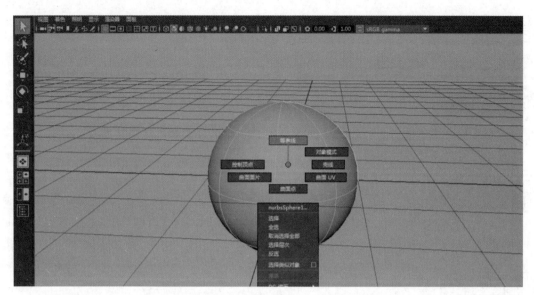

图 3-16

Step3 在 NURBS 球体上端和下端按住 Shift 键的同时添加等参线，如图 3-17 所示。

图 3-17

Step4 在 NURBS 球体上用鼠标左键滑动至上端凹槽处，然后按住 Shift 键的同时，在下端凹槽处添加两条黄色虚线的等参线，如图 3-18 所示。

Step5 执行"曲面"→"插入等参线"命令，如图 3-19 所示。

Step6 在 NURBS 球体上右击选择"壳线"对其进行调整，详细操作请参看配套的微课视频。

Step7 苹果大体模型调整完毕，右击选择"对象模式"，如图 3-20 所示。

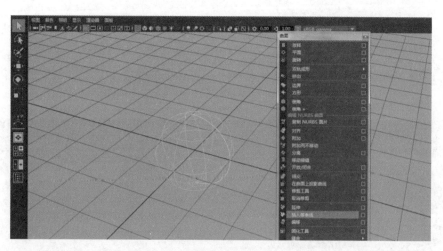

图　3-18

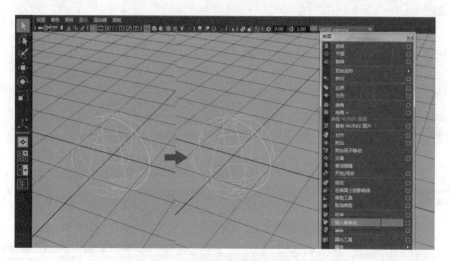

图　3-19

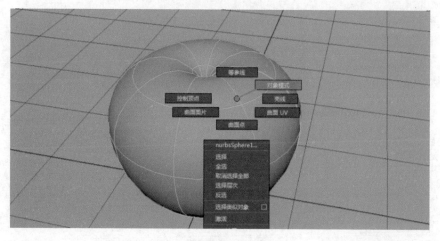

图　3-20

3.2.2 曲线造型

Step1 单击如图 3-21 所示的工具架上的图标创建一个 NURBS 圆形曲线，移动到苹果上端的凹槽处。

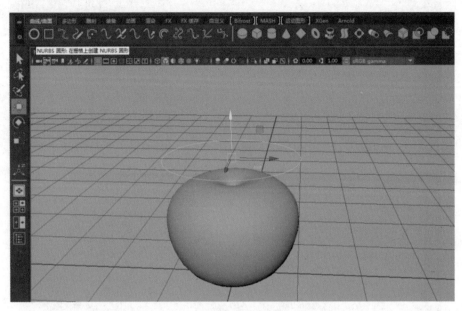

图 3-21

Step2 执行 Ctrl+D 复制命令，复制 3 个圆形曲线，进行曲线移动、曲线旋转、曲线缩放操作，如图 3-22 所示。

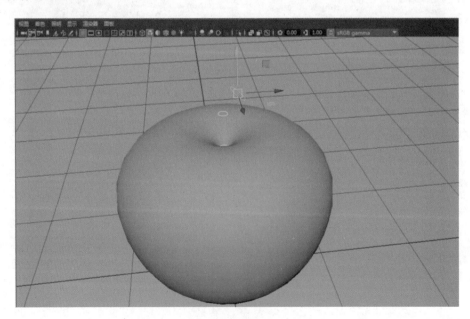

图 3-22

Step3　从上往下依次选择 3 条圆形曲线，执行"曲面"→"放样"命令，如图 3-23 所示。

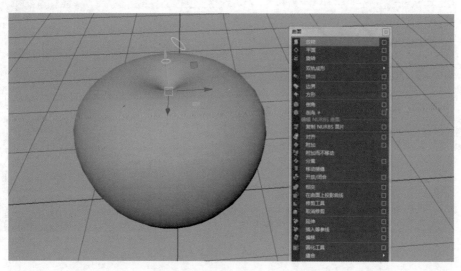

图　3-23

Step4　此时会发现放样出来的模型是黑色的，如图 3-24 所示。

图　3-24

Step5　在视窗窗口执行"照明"→"双面照明"命令，如图 3-25 所示。

提示　"放样命令"根据曲线选择的先后顺序不同，产生不同的放样效果。这里如果从下往上依次选择 3 条圆形曲线，执行"放样"命令，放样出来的模型将是灰色的，即不用开启双面照明。

Step6　选择最上端的圆形曲线，执行"曲面"→"平面"命令。

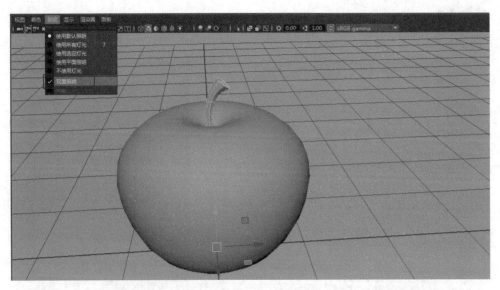

图 3-25

Step7 至此 NURBS 苹果模型制作完成，给 NURBS 苹果模型分别链接两个材质球，然后分别调整材质球的颜色为棕红色和绿色，渲染效果如图 3-26 所示。

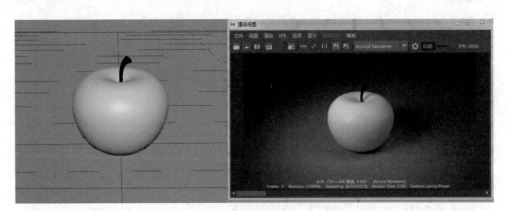

图 3-26

3.3 火箭多边形建模

　　本节继续 Maya 基础建模——火箭标志建模，学习如何将二维的 UI 图标变成立体的三维模型，主要应用在平面设计和影视包装领域。火箭模型利用多边形建模的方法来创建。建模之前先来分析一下火箭的造型。火箭外形可以使用 Maya 软件中的基本几何形体的圆柱体、圆锥体、方体组成。二维 UI 图标参考及三维模型渲染如图 3-27 所示。

图　3-27

命令应用

多边形圆柱体　　挤出面命令　　　多切割工具　　　提取命令
多边形圆锥体　　切角顶点命令　　复制命令　　　　倒角边命令
多边形方体　　　合并顶点命令　　分组命令　　　　光滑显示
挤出边命令

制作思路

创建参考图→创建基本形→模型细化

案例步骤

3.3.1　创建参考图

Step1　打开 Maya 软件，切换到建模模块，执行"创建"→"自由图像平面"命令，如图 3-28 所示。

视频讲解

Step2　选择图像平面，如图 3-29 所示，链接工程文件内的参考图。

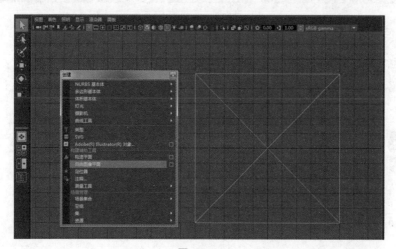

图　3-28

Step3 参考图像导入后放置到中线位置，调整 Z 轴往负方向位置移动，选择图像平面放入图层进行 R 锁定，如图 3-30 所示。

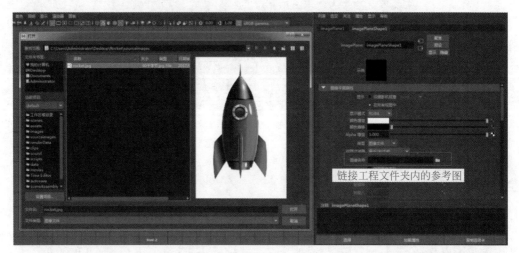

图 3-29

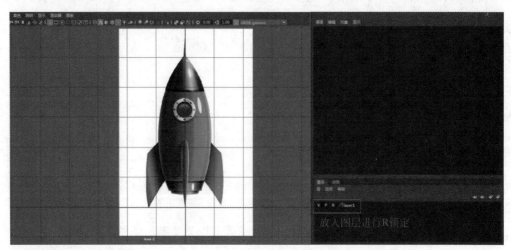

图 3-30

视频讲解

3.3.2 创建基本形

Step1 创建多边形圆柱体，按图 3-31 进行参数设置，半径为 0.7，高度为 3，轴向细分数为 8，高度细分数为 4。

Step2 选择模型，右击进入点编辑模式进行调整，如图 3-32 所示。

Step3 选择圆柱中心的点进行向上移动调整，如图 3-33 所示。

Step4 应用"多切割工具"命令同时按下 Ctrl 键，添加一圈循环边，如图 3-34 所示。

Step5 选择圆柱中心的点进行"挤出顶点"命令，如图 3-35 所示。

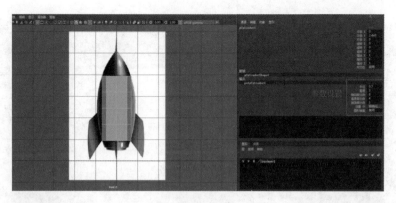

图　3-31

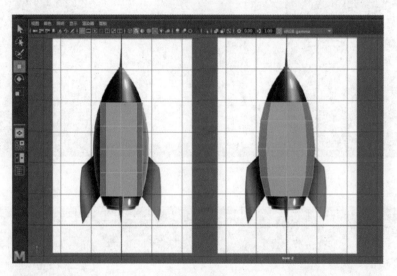

图　3-32

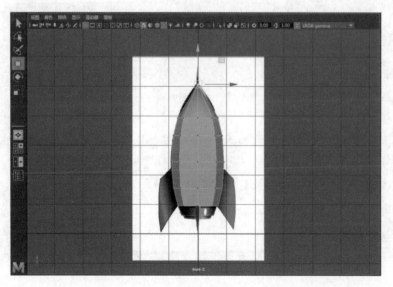

图　3-33

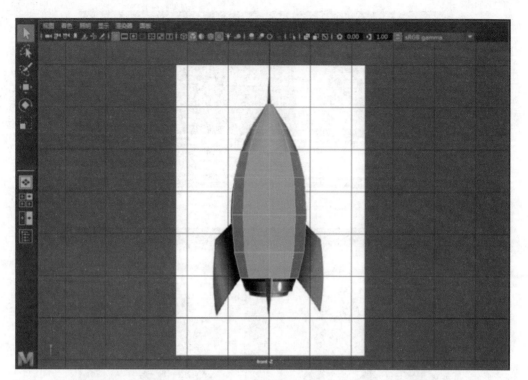

图　3-34

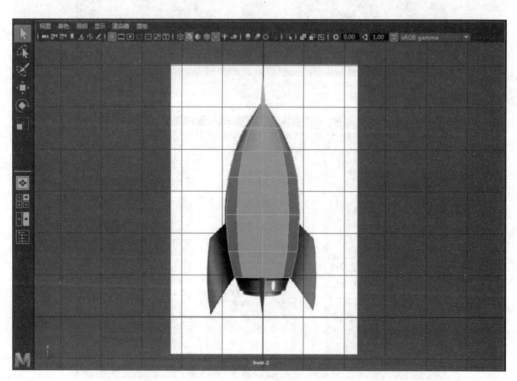

图　3-35

Step6　选择圆柱底部的面进行"挤出面"命令,调整如图 3-36 所示。

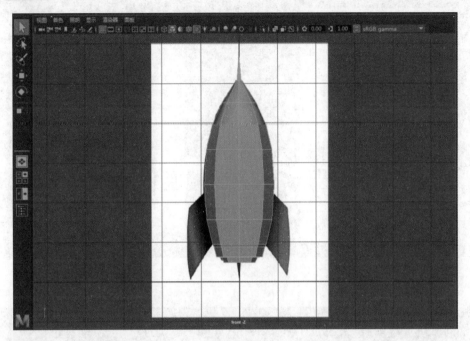

图　3-36

Step7　创建多边形立方体,按图 3-37 进行参数设置,深度为 0.2,细分宽度为 2,高度细分数为 3。

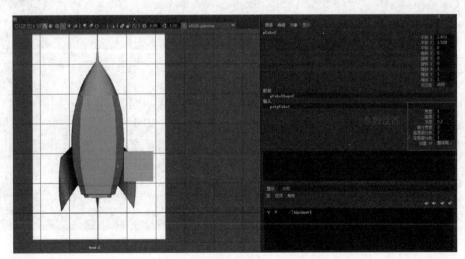

图　3-37

Step8　选择立方体模型进入到顶点编辑模式,调整顶点,如图 3-38 所示。

Step9　对火箭尾翼模型进行顶视图缩放,建模时一定要考虑模型各个角度的造型,如图 3-39 所示。

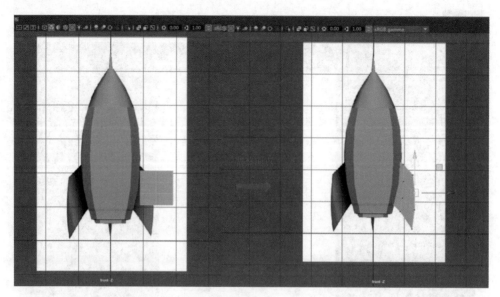

图　3-38

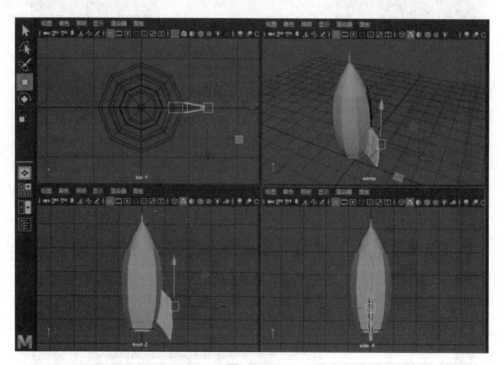

图　3-39

Step10　选择尾翼模型执行"编辑"→"按类型删除历史"命令，然后选择尾翼模型执行"分组"命令将其轴心归到世界坐标系，如图 3-40 所示。

Step11　选择尾翼模型执行"编辑"→"复制"命令，在通道栏 Y 轴旋转 90°，然后执行"复制并变换"命令，如图 3-41 所示。

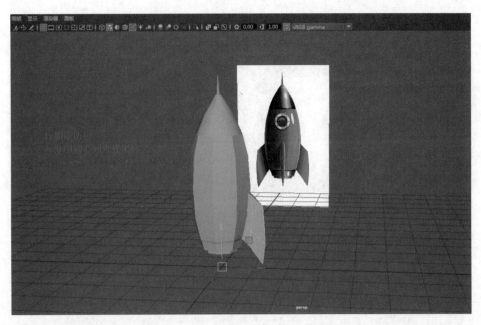

图 3-40

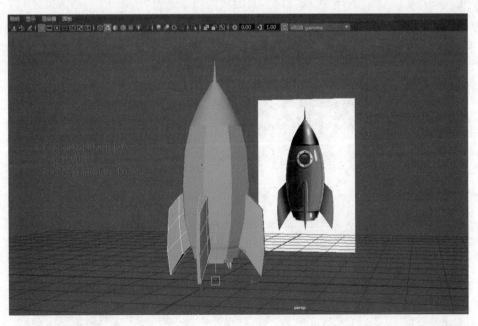

图 3-41

3.3.3 模型细化

Step1 选择火箭模型,按数字键 3 进行光滑显示操作,此时模型缺乏质感,如图 3-42 所示。

视频讲解

图　3-42

Step2　选择火箭模型进行"提取"命令，对提取的模型进行"挤出边"命令，最后卡边硬化处理，执行"倒角边"命令，如图 3-43 所示。

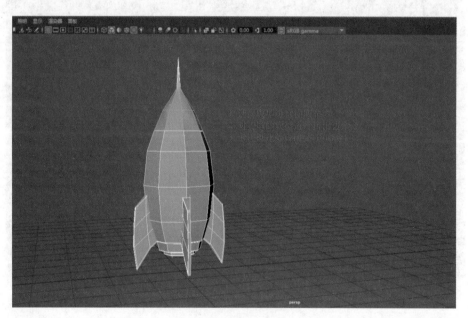

图　3-43

Step3　选择火箭的所有模型，按数字键 3 进行光滑显示操作，如图 3-44 所示。

Step4　在"渲染"菜单中，选择"Blinn 材质"图标，材质球颜色分别调整为黑色和红色，如图 3-45 所示。

图　3-44

图　3-45

Step5　选择火箭主体执行 UV 菜单下"平面"命令进行 UV 平面映射,然后链接工程文件夹内的贴图,如图 3-46 所示。

Step6　火箭模型链接好贴图后,为场景设置灯光,然后开启 Arnold 渲染器,设置相应的渲染参数,最终渲染效果如图 3-47 所示。

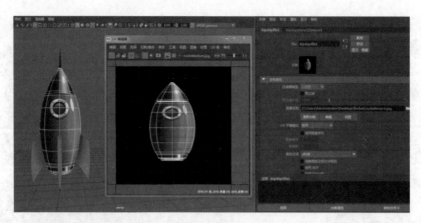

图 3-46

图 3-47

3.4 习 题

（1）练习并熟练掌握多边形建模和曲面建模创建苹果模型的两种建模方法。

（2）通过本章学习的关于 UI 图标的三维设计方法，对本章附赠的 UI 图标（见图 3-48）进行三维立体模型的制作，要求体现 UI 图标的细节与质感。

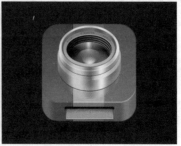

图 3-48

第 4 章

Chapter 04 [Maya道具建模]

本章学习目标

- 学习导入参考图的两种方法
- 综合应用多边形建模命令制作游戏道具
- 熟练掌握游戏道具建模的方法与技巧

　　本章通过战斧和战刀两个简单的游戏武器建模的案例，向读者介绍多边形建模技术应用于游戏道具建模的两种制作方法。重点学习如何使用多边形基本几何形体快速创建游戏道具模型，以及如何使用多边形工具等命令制作游戏道具模型，学习多边形建模的常用建模命令，学习游戏道具建模的制作流程，熟练掌握游戏道具建模的布线方法与技巧。

4.1 战斧建模

案例分析

本节以游戏武器战斧建模为例,讲解如何利用 Maya 多边形建模制作一把战斧模型,重点学习使用多边形基本几何形体制作模型的方法,熟悉多边形建模的常用命令,掌握并加以灵活运用。该案例综合应用切割多边形工具,复制、镜像、结合、合并等命令制作完成。游戏武器战斧模型、线框图及材质贴图渲染效果如图 4-1 所示。

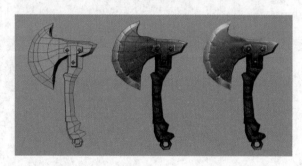

图 4-1

【几何形体建模法】

依据原画设计进行造型分析,把复杂的造型高度概括,分解成较为简单的几何形体组合,然后利用 Maya 软件提供的基本几何形体进行其参数设置,调整几何形体的点、边、面进行细化修改,创建出所需要的模型。

【专业术语】

道具通常指的是在游戏中玩家用来操作的虚拟物体。游戏道具一般分为装备类、宝石类、使用类、特效类等。武器属于游戏道具中的装备类,它是丰富游戏角色的点睛之笔,要想让角色看起来丰富生动,就需要将游戏武器的形体与质感表现出来。道具建模主要是训练形体的造型能力,因为大多数道具不会像角色一样运动,所以布线的要求也偏低。要想做好道具模型,必须要将其形体与质感根据游戏项目需求表现出来。

命令应用

创建多边形几何形体	多切割工具	复制命令	结合命令
挤出命令	捕捉网格命令	镜像命令	合并命令

制作思路

创建项目工程→导入参考图→创建战斧模型

4.1.1　创建项目工程

视频讲解

Step1　打开 Maya 软件，首先创建项目工程文件，在"项目窗口"窗口中设置当前项目为 Battle_axe，路径根据自己的情况设定，可以设置计算机上任意的磁盘空间，这里设置为"桌面"，然后单击"接受"按钮进行确定，如图 4-2 所示。

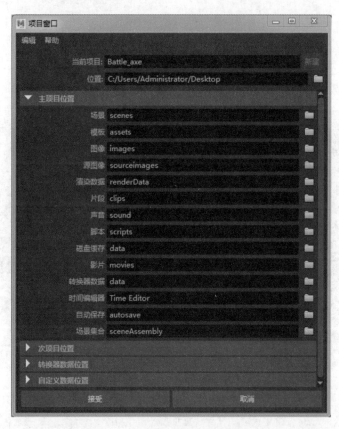

图　4-2

Step2　项目创建成功后，桌面会出现一个 Battle_axe 的文件夹，然后选择 Battle_axe 参考图复制、粘贴到桌面文件夹的 sourceimages（源图像）文件夹内，如图 4-3 所示。

4.1.2　导入参考图

视频讲解

Step1　按空格键切换到侧视图，执行"视图"→"图像平面"→"导入图像"命令。

Step2　Maya 会自动链接到 sourceimages（源图像）文件夹内，然后选择战斧侧视参考图进行打开操作，如图 4-4 所示。

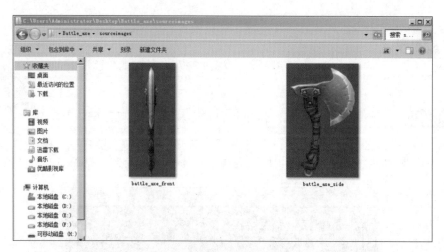

图 4-3

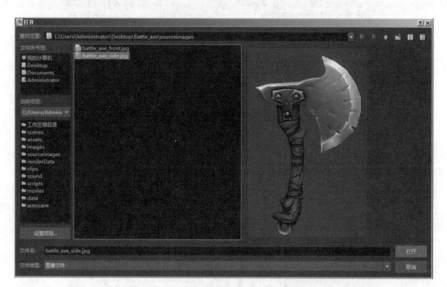

图 4-4

Step3 这样就把外界参考图导入到 Maya 内部视图中，如图 4-5 所示。

Step4 切换到前视图，执行"视图"→"图像平面"→"导入图像"命令。

Step5 Maya 会自动链接到 sourceimages（源图像）文件夹内，选择战斧前视参考图进行打开操作，如图 4-6 所示。

Step6 将外界参考图导入到 Maya 内部视图中作为参考图，以方便进行模型的创建，如图 4-7 所示。

Step7 同时选择两张参考图进行上移至网格之

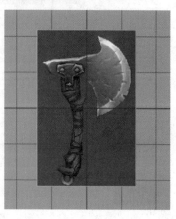

图 4-5

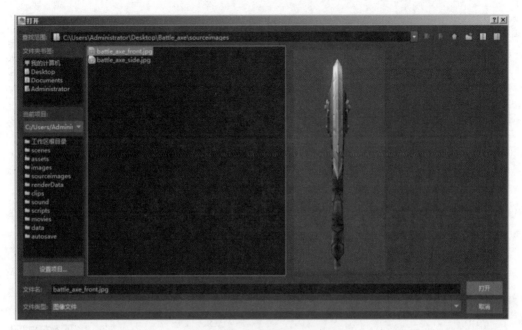

图 4-6

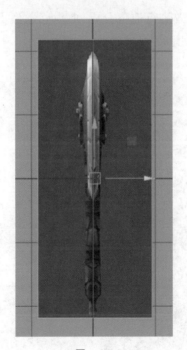

图 4-7

上,然后选择前视参考图向 Z 轴负方向移动,选择侧视参考图向 X 轴负方向移动,如图 4-8
所示。

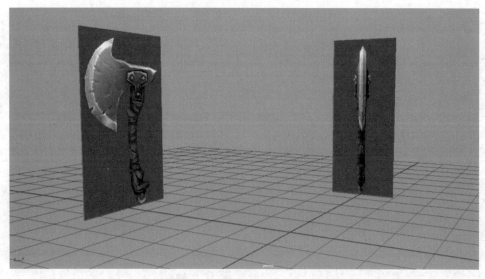

图　4-8

4.1.3　创建战斧模型

视频讲解

Step1　创建模型之前先进行造型分析，此战斧造型可以概括为立方体、圆柱体、面包圈，如图 4-9 所示。

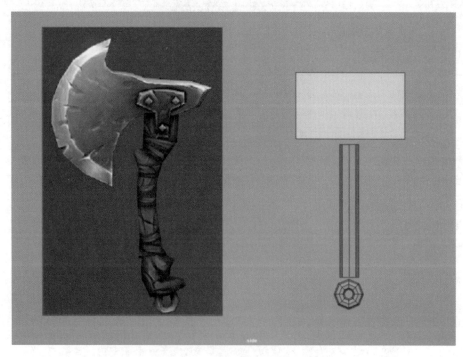

图　4-9

Step2　切换到 Maya 建模模块，创建立方体然后对照参考图，进入点编辑模式对其点进行调整，如图 4-10 所示。

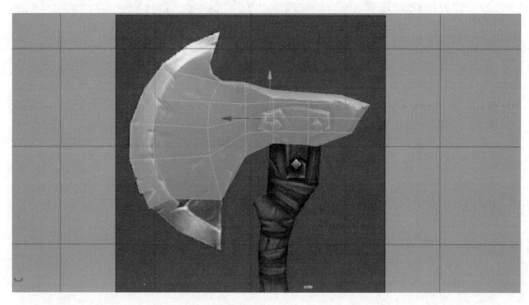

图　4-10

Step3　选择斧头两端的面进行"挤出面"操作，如图 4-11 所示。

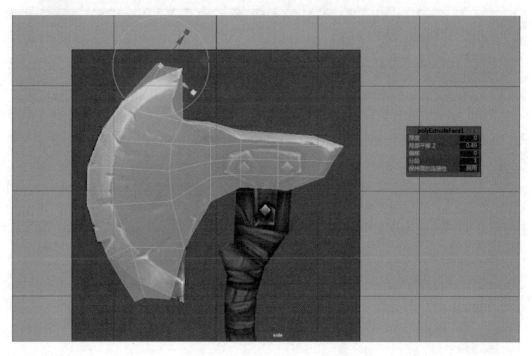

图　4-11

Step4 进行加线操作，调整后如图 4-12 所示。

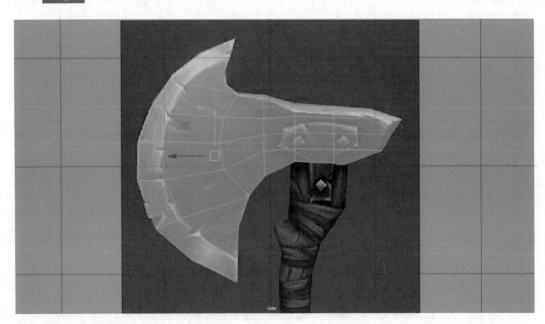

图 4-12

Step5 切换到前视图选择面级别，删除一半模型，如图 4-13 所示。

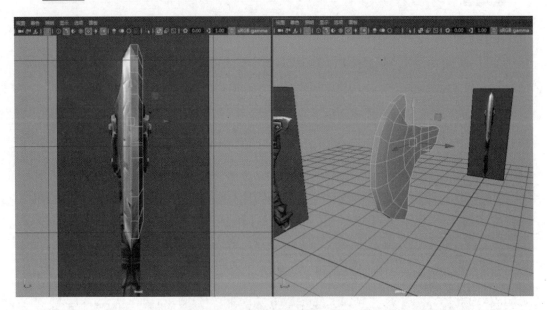

图 4-13

Step6 细致地调整前视图和侧视图，如图 4-14 所示。

Step7 创建圆柱体，设置半径为 0.2，高度为 2，轴向细分数为 8，高度细分数为 6，如图 4-15 所示。

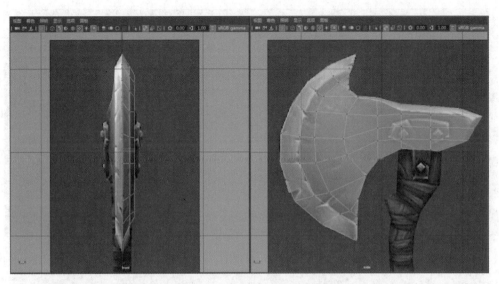

图　4-14

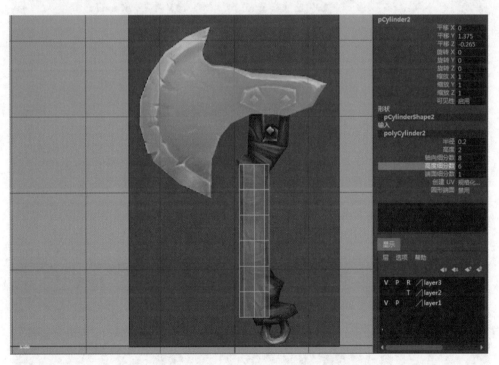

图　4-15

Step8　切换到前视图进行缩放操作,如图 4-16 所示。

Step9　删除一半加线来调整形状,如图 4-17 所示。

Step10　创建圆管并进行参数设置,半径为 0.2,高度为 0.3,厚度为 0.1,轴向细分数为 6,高度细分数为 2,如图 4-18 所示。

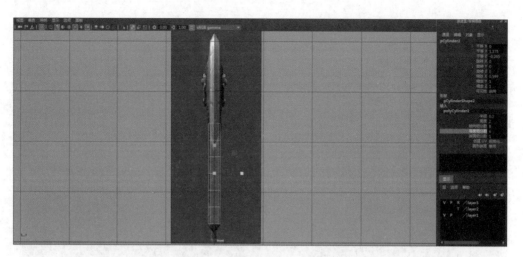

图　4-16

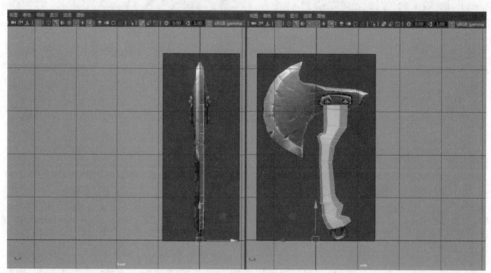

图　4-17

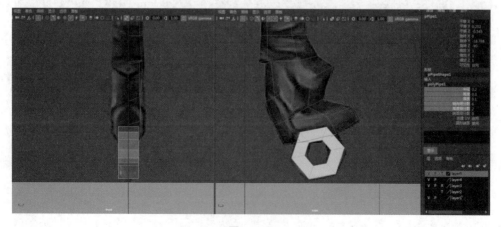

图　4-18

Step11　创建立方体并进行参数设置,宽度为 0.45,高度为 0.75,深度为 0.25,高度细分数为 2,如图 4-19 所示。

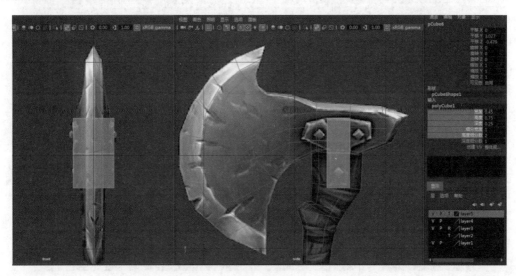

图　4-19

Step12　选择面进行"挤出面"操作,设置"局部平移 Z"为 0.273,如图 4-20 所示。

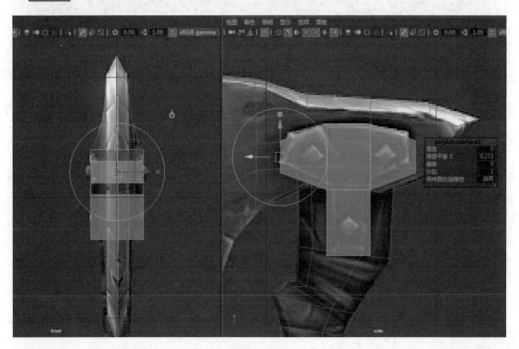

图　4-20

Step13　切换到前视图,执行"网格"→"插入循环边"命令,如图 4-21 所示。

Step14　切换到侧视图,选择面进行缩放操作,如图 4-22 所示。

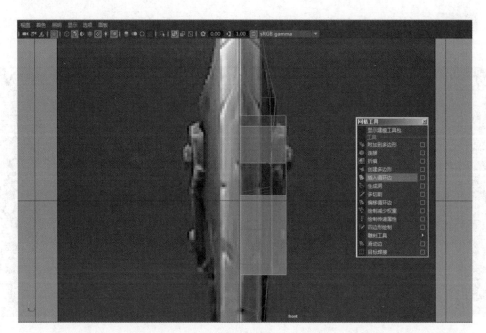

图　4-21

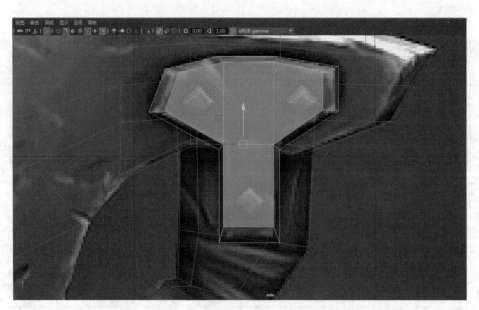

图　4-22

Step15　选择点组件级别进行细致调整，前视图与侧视图调整如图4-23所示。

Step16　将创建好的模型"添加到图层"进行锁定，然后创建铆钉，直接创建圆柱体并行参数设置，半径为0.08，高度为0.5，轴向细分数为4，高度细分数为4，如图4-24所示。

Step17　单击"X射线显示"按钮，然后选择顶部的所有顶点进行中心缩放，如图4-25所示。

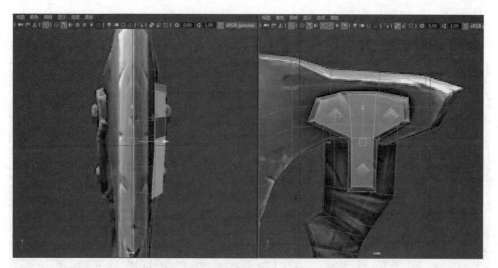

图　4-23

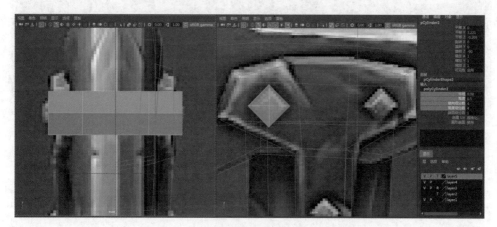

图　4-24

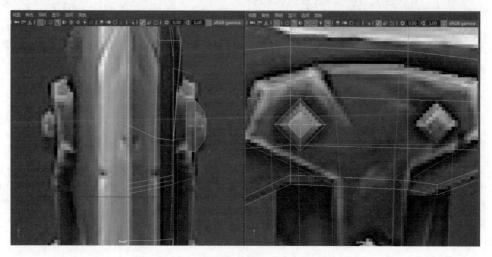

图　4-25

Step18 将创建好的铆钉模型选中，按 Ctrl＋D 键复制出另外两个铆钉，移动到相应位置，如图 4-26 所示。

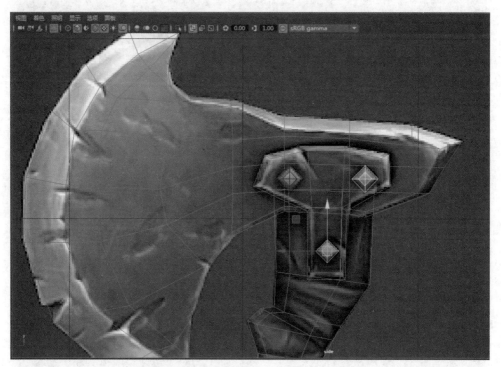

图 4-26

Step19 选择左边所有模型，执行"网格"→"结合"命令，如图 4-27 所示。

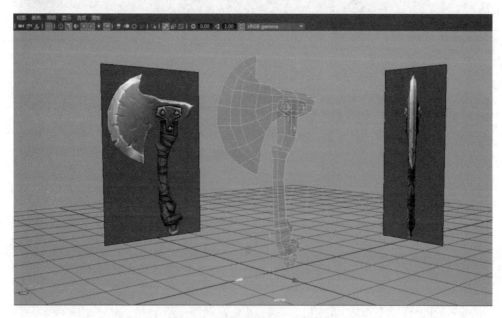

图 4-27

Step20　对模型进行细致调整，主要是斧头造型的调整，如图4-28所示。

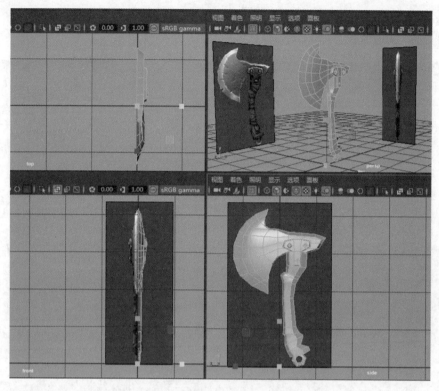

图　4-28

Step21　选中创建好的一半斧头的模型，执行 Ctrl+D 复制出另外一半模型，然后修改"缩放 X"为−1，执行镜像模型操作，如图4-29所示。

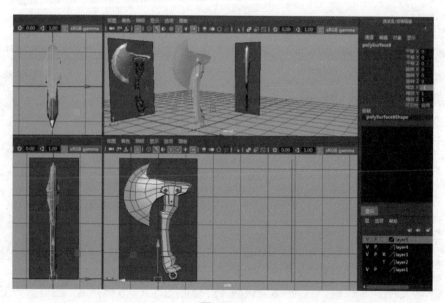

图　4-29

Step22 选择模型，执行"网格"→"结合"命令。

Step23 选择模型，执行"编辑网格"→"合并"命令，将模型所有点进行缝合。

Step24 对模型的 4 个视图进行最终调整，如图 4-30 所示。

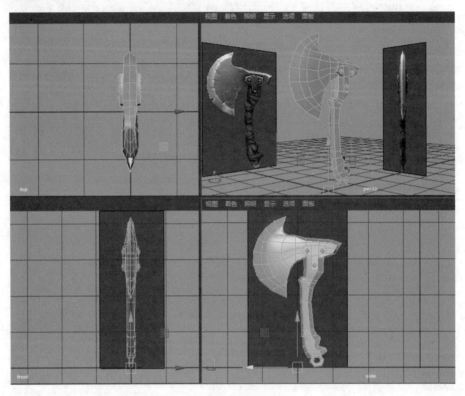

图 4-30

Step25 模型线框布线图如图 4-31 所示。

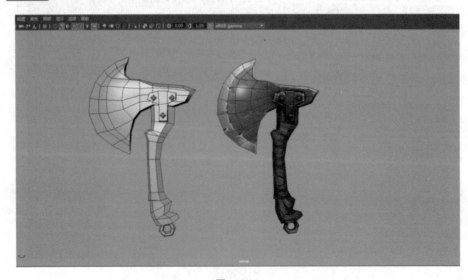

图 4-31

Step26 模型材质贴图渲染效果如图 4-32 所示。

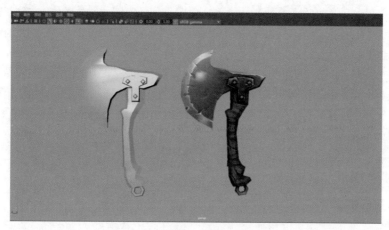

图　4-32

4.2　战刀建模

案例分析

　　本节以制作一把游戏武器战刀模型为例,介绍形体轮廓建模法,描述运用创建多边形和挤出等命令制作游戏模型的方法。该案例主要用到了切割多边形工具,复制、结合、合并等命令,综合应用各种命令制作完成。游戏战刀模型、AO、线框图及材质贴图渲染效果如图 4-33 所示。

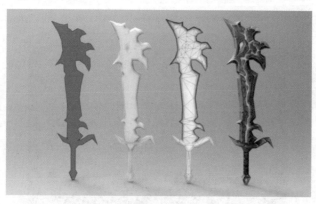

图　4-33

【形体轮廓建模法】

　　依据原画设计,保持造型准确的情况下,以创建多边形命令绘制出模型局部或整体轮廓,接着对轮廓进行挤出面,然后调整与修改模型结构关系和细节塑造,最后创建出所需要的模型。

【专业术语】

　　Ambient Occlusion，简称 AO，中文称为"环境光散射"或者"环境光吸收"，图书和网络上一般称为"环境光遮蔽"。AO 技术最早是在 Siggraph 2002 年会上由 ILM（工业光魔）的技术主管 Haden Landis 所展示的，当时就被称为 Ambient Occlusion。

　　AO 用来描绘物体和物体相交或靠近的时候遮挡周围漫反射光线的效果，可以解决或改善漏光、飘和阴影不实等问题，解决或改善场景中的缝隙、褶皱与墙角、角线以及细小物体表现不清晰的问题，综合改善细节尤其是暗部阴影，增强空间的层次感、真实感，同时加强和改善画面明暗对比，增强画面的艺术性。

　　创建多边形工具　　　　多切割工具　　　　　结合命令　　　　　捕捉网格命令
　　挤出命令　　　　　　　桥接命令　　　　　　合并点命令　　　　复制命令

　　创建项目工程→导入参考图→创建战刀模型

案例步骤

4.2.1　创建项目工程

　　Step1　打开 Maya 软件，首先创建项目工程文件，在"项目窗口"对话框中设置当前项目为 Game sword，路径根据自己情况设定，可以设置计算机上任意的磁盘空间，这里设置为桌面，然后单击"接受"按钮进行确定，如图 4-34 所示。

视频讲解

图　4-34

Step2　项目创建成功后,桌面会出现一个 Game sword 的文件夹,如图 4-35 所示。

Step3　选择 sword 参考图进行复制、粘贴到桌面 Game sword 文件夹的 sourceimages(源图像)文件夹内。

图　4-35

4.2.2　导入参考图

Step1　空格键切换到前视图,执行"视图"→"图像平面"→"导入图像"命令。

视频讲解

Step2　Maya 会自动链接到 sourceimages(源图像)文件夹内,然后选择参考图进行打开操作,这样就把外界参考图导入到 Maya 内部视图中,如图 4-36 所示。

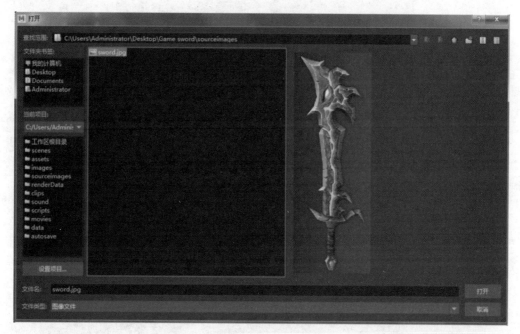

图　4-36

Step3　接下来对参考图进行调整,先设置 imagePlane1 中"平移 X"为 0.03,"平移 Y"为 1.1,"平移 Z"为−20,然后在"通道盒/层编辑器"中新建一个图层,再在场景中选择参考图,右击在"通道盒/层编辑器"中的图层会出现"添加选定对象"命令,这样参考图就添加到图层中了,接着设置为"R 锁定图层",这样在建模的时候参考图就不会被选择到了,具体设置如图 4-37 所示。

4.2.3　创建战刀模型

Step1　切换到 Maya 建模模块,选择"网格工具"→"创建多边形"命令。

视频讲解

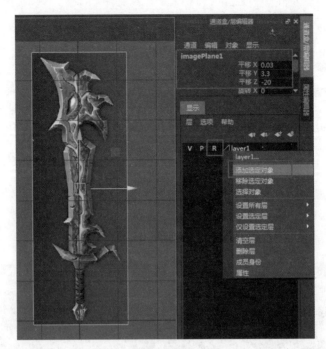

图 4-37

Step2 通常在项目制作时，拿到参考图后不要着急进行制作，首先要进行模型制作思路的分析，这把游戏武器战刀的构造主要分为刀身和刀柄两部分，所以应该分两步完成制作。为了让大家能看懂，分别给刀身和刀柄赋予了两个不同的颜色，如图 4-38 所示。

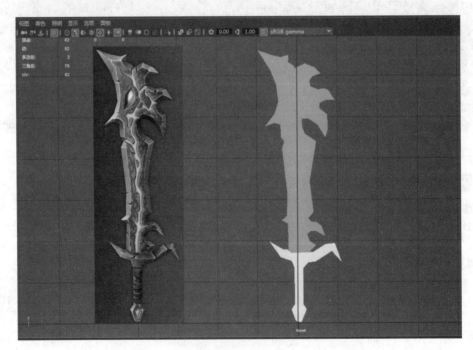

图 4-38

Step3　切换到前视图中,根据参考图,利用"创建多边形"命令先来绘制刀身部分的轮廓,顺时针创建出来的面片为黑色,如图 4-39 所示。注意,绘制轮廓的时候点不宜过多,过多的点会造成最终模型面数的增多。

> **提示**　应用"创建多边形"工具顺时针创建面片时,创建出的模型的面法线朝向是向里的,因此面片呈现黑色。可以在建模模块中执行"网格"→"反转"命令使面法线朝外。应用"创建多边形"工具,逆时针创建面片,创建出的模型的面法线朝向是向外的,此时面片呈现灰色。

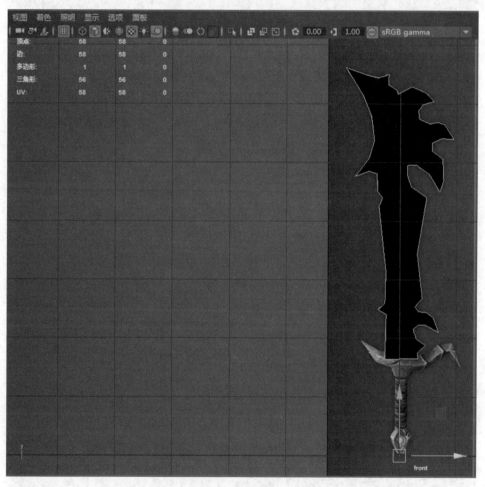

图　4-39

Step4　绘制好后可以选择面,执行"编辑网格"→"挤出"命令,设置偏移为 0.1,如图 4-40 所示。

Step5　按键盘的 Delete 键删除多余的面,只保留轮廓的面,如图 4-41 所示。

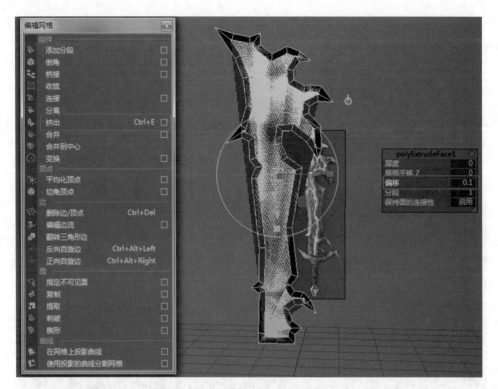

图　4-40

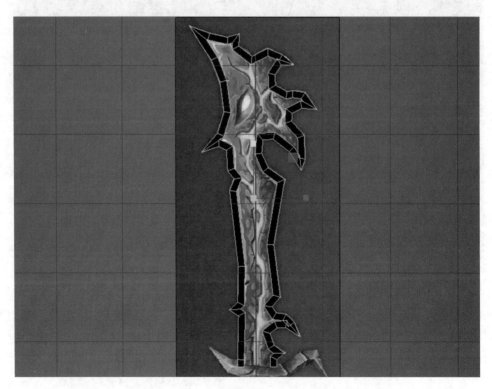

图　4-41

Step6　然后针对挤出面的多余的点，右击选择点级别元素，选择想要缝合的任意两个点，执行"编辑网格"→"合并"命令，将点进行缝合，如图 4-42 所示。

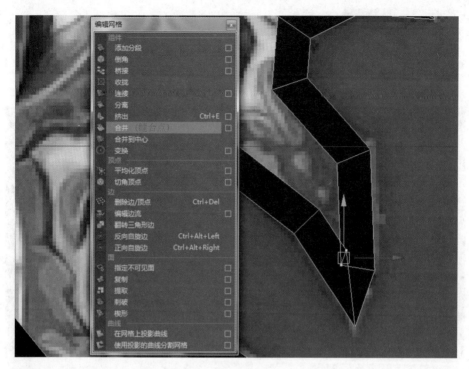

图　4-42

Step7　再利用"桥接"命令或者"填充洞"命令进行四边面的划分，详细操作请参看配套的微课视频。具体划分参考如图 4-43 所示。

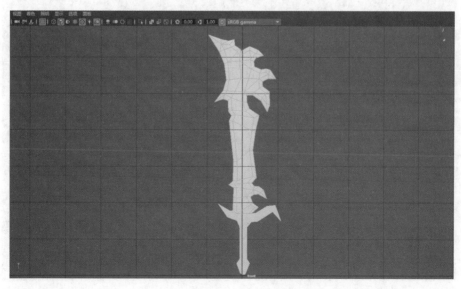

图　4-43

Step8 选择边元素级别，然后双击刀身的轮廓边缘线进行 X 捕捉网格操作（捕捉网格快捷键为 X 键），顶视图、前视图、侧视图效果如图 4-44 所示。

Step9 然后选择刀身模型，执行"编辑"→"复制"命令（也可以在选择模型的情况下直接使用 Ctrl＋D 进行复制操作），再修改其缩放属性的"缩放 X"为－1，镜像刀身的另外一半模型，如图 4-45 所示。

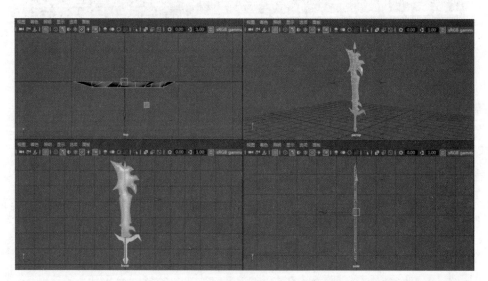

图 4-44

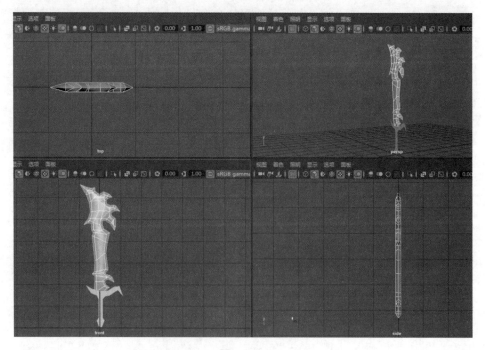

图 4-45

Step10　将复制出来的刀身模型按住 Shift 键加选原始刀身模型，执行"网格"→"合并"命令，如图 4-46 所示。

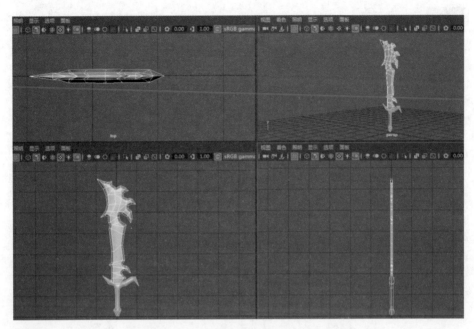

图　4-46

Step11　刀柄制作原理同刀身，这里不再赘述，详细操作请参看配套的微课视频。刀柄效果如图 4-47 所示。

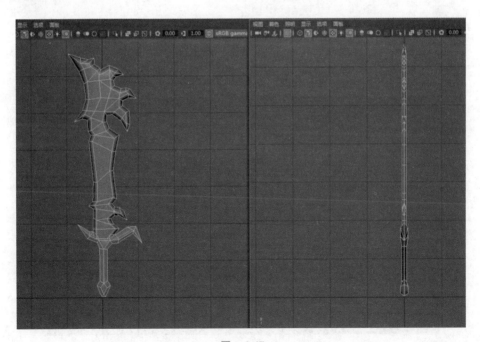

图　4-47

Step12 选择刀身和刀柄模型,执行"网格"→"合并"命令,然后再执行"编辑网格"→"合并(缝合点)"命令,如图 4-48 所示。

Step13 为战刀模型添加材质链接贴图,设置灯光后渲染场景,效果如图 4-49 所示。

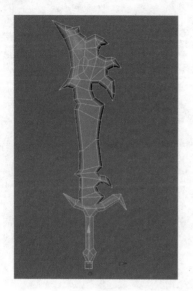
图 4-48

图 4-49

4.3 习 题

(1) 收集相关游戏武器道具进行游戏道具模型的分析。

(2) 通过本章学习的多边形游戏道具建模的两种建模方法,对本章附赠的两张游戏武器原画设计图(见图 4-50)进行三维模型的制作,要求体现模型的形体与质感。

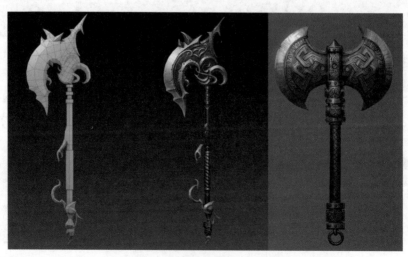
图 4-50

第 5 章

Chapter 05

Maya场景建模

本章学习目标

- 了解古建筑基本结构及建筑结构的穿插关系
- 熟练掌握游戏场景建模的制作规范和布线规律
- 熟练掌握游戏古建场景的搭建原则和制作技巧

本章主要学习网络游戏中场景古建模型的制作，通过攒尖式重檐八角亭建模案例的学习，掌握游戏场景古建模型的制作规范和布线规律，向读者介绍中国古代建筑结构以及建筑结构的穿插关系，重点学习利用综合建模的方法创建游戏场景古建模型的搭建原则和制作技巧。

5.1 古建八角亭建模

案例分析

场景在游戏中的用途很广泛,有着举足轻重的作用,直接决定着整个游戏的画面质量。在游戏中,场景通常为角色提供活动环境,它既反应游戏气氛和世界观,还可以比角色更好地表现时代背景,衬托角色。游戏场景就是指游戏中除游戏角色之外的一切物体,是围绕在角色周围与角色有关系的所有景物,即角色所处的生活场所、社会环境、自然环境以及历史环境。游戏场景在游戏中起着交代时空关系、营造情绪氛围的作用,最终为场景中的角色做铺垫。

按照游戏风格来划分,游戏场景主要有写实风格、写意风格和卡通风格三大类。写实风格以写实为基础,注重场景元素的质感表现;写意风格重在虚实,重在意境的表达;卡通风格造型圆滑可爱,颜色鲜艳亮丽,注重造型元素风格的把握与提炼。例如,网络游戏《剑灵》游戏场景为写实风格,网络游戏《苍天 2》游戏场景为写意风格,网络游戏《神雕侠侣》游戏场景为卡通风格,如图 5-1 所示。

图 5-1

【专业术语】

游戏场景建模是指游戏场景建模师根据游戏原画师设计的原画稿件,制作出游戏中的环境、道具、机械等模型,是游戏建模中不可或缺的组成部分。在游戏场景建模中,经常会涉及关于植被、山石、主体建筑物和其他辅助建筑物的建模。由于文化和历史背景不同,因此建筑风格也各不相同,例如古希腊建筑风格、古罗马建筑风格、哥特式建筑风格、中国建筑风格、日本建筑风格、埃及建筑风格、伊斯兰建筑风格等。

下面来学习本节需要了解并掌握的中国古建亭子的相关建筑知识。

建筑不仅是一门技术科学，而且也是一种艺术。中国古代建筑经过长时期的发展，吸收了中国其他传统艺术，特别是绘画、雕刻、工艺美术等造型艺术的特点，创造了丰富多彩的艺术形象，并形成了屋顶形式、色彩装饰、衬托性建筑等特点。

中国古代建筑是中华民族悠久历史文化遗产中极其重要的构成部分，以其优美的艺术形象、精湛的技术工艺、独特的结构体系著称于世，如图5-2所示。古代的能工巧匠们运用他们的智慧绝妙地使用尺度和比例，在艺术形象上使用了比较、比喻和联想，在布局上体现了节奏和韵律。中国古代的建筑艺术也是美术鉴赏的重要对象。而要鉴赏建筑艺术，除了需要理解建筑艺术的主要特征外，还要了解中国古代建筑艺术的一些重要特点，然后通过比较典型的实例，进行具体的分析研究。中国古代建筑美属于建筑艺术美，它融合艺术美、自然美、科学美、社会美于一体，蕴含着中国古代哲学思想、道德伦理等。

图　5-2

亭是最能代表中国建筑特征的一种建筑样式，同时它也是我国古典园林建筑中应用最广泛的一种建筑，如图5-3所示。亭最初是供人途中休息的地方，后来随着不断地发展、演变，其功能与造型逐渐丰富多彩起来，应用也更为广泛。汉代以前的亭子，大多是驿亭、报警亭，亭子的形体较为高大。魏晋以后，出现了供人游赏的小亭，亭子不但成了赏景建筑，也成为一种点景建筑。南朝时，园中建亭已极为普遍，亭子的观赏性逐渐代替了它的实用功能。唐宋以后，亭子的造型更为丰富多样，建筑更为精细考究，尤其是皇家宫苑中的亭子，常用琉璃瓦覆顶，金碧辉煌。亭子的最大特点就是体量小巧、样式丰富。

图　5-3

亭子的顶式有庑殿顶、歇山顶、悬山顶、硬山顶、十字顶、卷棚顶、攒尖顶等，几乎包括了所有古建筑的屋顶样式，其中又以攒尖顶式最为常见。攒尖式屋顶的特点是无正脊，数条垂脊交合于顶部，上覆宝顶，它有多种形式，如四角、六角、八角及圆顶等。故宫的中和殿、天坛的祈年殿等都属于攒尖式屋顶，如图5-4所示。

图 5-4

攒尖式屋顶多见于亭、阁，绝大部分亭子都是攒尖式屋顶。北京颐和园中的廊如亭，是我国最大的攒尖式屋顶的亭子，如图 5-5 所示。

图 5-5

接下来学习中国古建亭子的建筑构造。中国古建亭建筑主要由木构架、屋顶和坐凳栏杆等组成。亭建筑的木构架，虽都是由柱、梁、枋、椽等构成，但依屋檐层数不同，其构成方法也有所区别。

古建亭的基本形式按使用性能分为路亭、街亭、桥亭、井亭、凉亭、钟鼓亭等；按平面形式分为多角亭、圆形亭、扇形亭、矩形亭等；按建筑材质分为木构亭、砖石亭、金属亭等；按高低层次分为单檐亭、重檐亭、多层亭等。

单檐亭即指只有一层屋檐的亭子，它的木构架构造可以分为下架、上架、角梁三部分。以檐檩为界，檐檩以下部分为下架，檐檩本身及其以上部分为上架，转角部位为角梁。单檐亭下架是一种柱枋结构的框架，主要构件是檐柱、横枋、花梁头和檐垫板等；单檐亭的上架结构一般由檐檩、井字梁或抹角梁、金枋及金檩、太平梁及雷公柱等四层木构件垒叠而成；单檐亭的角梁是多角亭形成屋面转角的基本构件。对于角梁的制作，我国北方地区多按清制官式作法,南方地区常按《营造法原》民间作法。圆形亭因为无角,故没有角梁,只有由戗,用来支撑雷公柱。

由两层或两层以上屋檐所组成的亭子称为"重檐亭",它的构造一般应有两圈柱子,外围一圈瞻柱,里围一圈重檐金柱。相对应的檐、金柱之间由穿插枋、抱头梁相联系。外檐柱间由下向上依次装檐枋、垫板、檐檩。下层檐椽外端钉置于檐檩上,内端搭置在承椽枋之上,承椽枋以上依次装围脊枋(或围脊板)、上层檐枋等构件。上层檐枋构造与单檐亭构造相同。

本节案例制作的是网络游戏《剑灵》中的攒尖式重檐八角亭,如图 5-6 所示,重点学习利用综合建模的方法创建游戏场景中八角亭模型的搭建原则和制作技巧。建模之前建议大家查阅大量有关建筑的资料,深刻了解并掌握中国古建构造以及建筑构造的穿插关系。

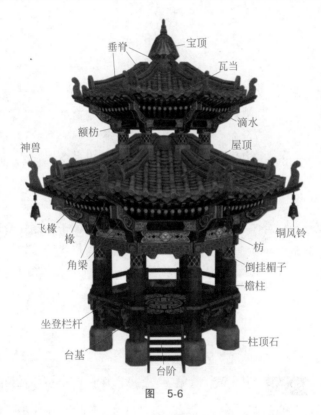

图　5-6

亭建筑的基本构造虽然比较复杂,但是网络游戏建筑模型不同于影视建筑模型,在模型制作时并不需要把所有的建筑构造都通过建模的方式建造出来。考虑到网络游戏的运行速度,通常网络游戏建模都是尽量用最少的面把模型结构表现出来即可,把外观能看到的模型部分制作出来,而内部看不到的模型部分是不需要创建出来的。游戏建筑模型制作重点是概括出场景大致的形体结构和比例结构,掌握好建筑构造穿插关系和建筑结构转折关系,如图 5-7 所示。有些建筑构造需要用贴图的方式进行处理。例如,建筑屋顶中的瓦当和滴水、檐柱间的倒挂楣子、挂铜风铃的锁链、屋檐下的飞椽和椽子等都是创建面片即可,后期会通过绘制贴图去表现。

图 5-7

多边形圆柱体	多边形圆管体	多边形立方体	多边形圆锥体
对齐对象命令	分组命令	特殊复制命令	绘制多边形工具
多切割工具	结合命令	合并命令	插入循环边工具
提取面命令	多边形挤出命令	曲面挤出命令	曲面旋转命令

创建项目工程→制作台基和檐柱→制作枋→制作倒挂楣子→制作台阶和栏杆→制作角梁和风铃→制作额枋→制作神兽→制作屋顶和垂脊→制作椽和重檐层→制作宝顶→优化场景

5.1.1 创建项目工程

视频讲解

Step1 打开 Maya 软件，首先创建项目工程文件，执行"文件"→"项目"→"项目窗口"命令，打开"项目窗口"对话框，单击"新建"按钮，设置"当前项目"为 Octagonal pavilion，"位置"设置为桌面，然后单击"接受"按钮，如图 5-8 所示。

Step2 项目创建成功后，桌面上会出现一个 Octagonal pavilion 的文件夹，然后选择八角亭的前视图和右视图两张参考图进行复制、粘贴到桌面 Octagonal pavilion 文件夹的 sourceimages(源图像文件)文件夹内，如图 5-9 所示。

Step3 按住空格键加鼠标左键切换到前视图，执行"视图"→"图像平面"→"导入图像平面"命令，单击选择 imagePlane 1 并设置缩放 X、Y、Z 值均为 3.45，平移 Y 为 9.85，如图 5-10 所示。

图　5-8

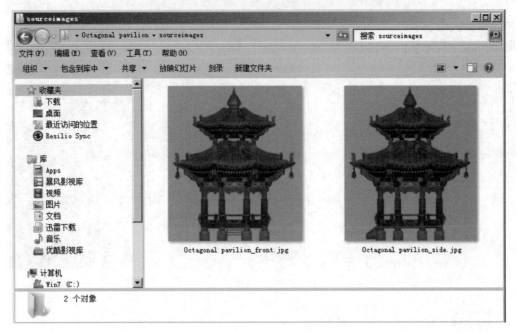

图　5-9

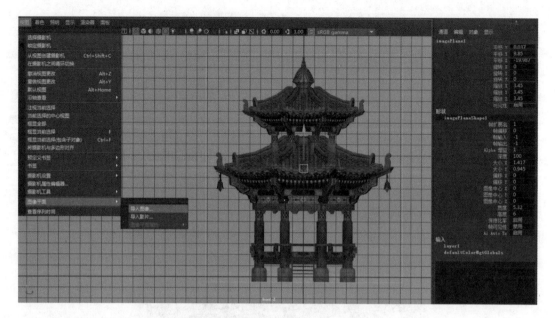

图　5-10

Step4　按住空格键加鼠标左键切换到右视图，执行"视图"→"图像平面"→"导入图像平面"命令，单击选择 imagePlane 2 并设置缩放 X、Y、Z 值均为 3.45，平移 Y 为 9.85，如图 5-11 所示。

图　5-11

Step5　把参考图分别移动到合适位置，然后放到图层中进行 R 渲染锁定，如图 5-12 所示。

图　5-12

5.1.2　制作台基和檐柱

中国古代建筑高度可分为台基、屋身、屋顶三部分。若以三段式来理解建筑,那么屋顶如同人的头部,屋身部分像人的躯干,而台基就是人的双足。犹如树根扎于大地,台基是屋身和屋顶的承托者,也是建筑物形成稳固视觉形象的重要元素。

视频讲解

台基是一种高出地面的台子,作为建筑物的底座,是中国古代建筑的组成部分。根据建筑物级别的不同,一般可分为长方形台基、圆形台基、多边形台基、须弥座台基、带勾阑台基和复合型台基等。台基的功能就是承托建筑物和防水隔潮。

檐柱,木结构建筑檐下最外一列支撑屋檐的柱子,也叫外柱。用以支撑屋面出檐的柱子称为擎檐柱,多用于重檐或重檐带平座的建筑物上,用来支撑挑出较长的屋檐及角梁翼角等。柱子断面有圆、方之分,通常为方形,柱径较小。擎檐柱与其他联络构件枋、檐柱、华板、栏杆等结合在一起,除起到支撑作用外,还兼有装饰的作用。

Step1　制作台基:首先创建多边形圆柱,设置半径为 4.6,高度为 0.67,轴向细分数为 8,旋转 Y 为 −22.5,如图 5-13 所示。

Step2　创建多边形圆柱体并设置参数,添加线段并调整出柱顶石及檐柱的结构,记得要将柱顶石底端的面删除,如图 5-14 所示。

Step3　选择檐柱进行 V 键吸附至八角形的一个角,然后设置旋转 Y 为 −22.5,如图 5-15 所示。

Step4　按 Ctrl＋G 键执行"分组"命令,坐标恢复到世界坐标系,如图 5-16 所示。

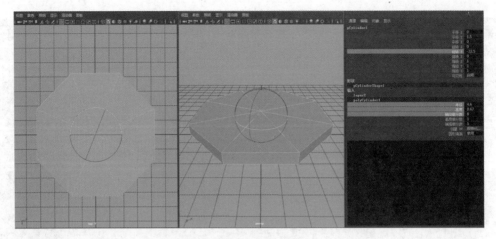

图 5-13

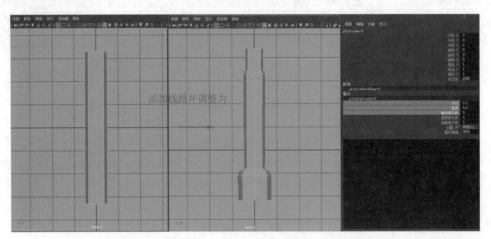

图 5-14

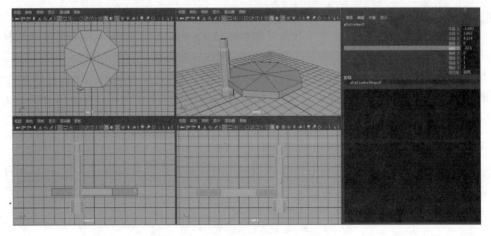

图 5-15

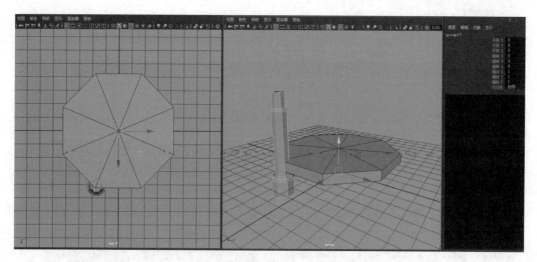

图　5-16

Step5　接着执行"特殊复制"命令,设置旋转 Y 为 45,副本数为 7,然后单击"应用"按钮,如图 5-17 所示。

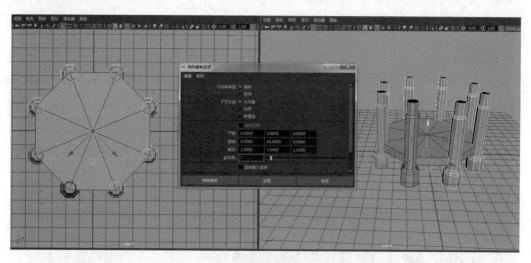

图　5-17

5.1.3　制作枋

古建木结构中最主要的承重构件是柱和梁,辅助稳定柱与梁的构件就是枋。枋类构件很多,有用在下架,稳定檐柱头和金柱头的檐枋、金枋、随梁枋、穿插枋;有用在上架,稳定梁架的中金枋、上金枋、脊枋;有用在建筑物转角部分,稳定角柱的箍头枋。除此之外,还有一些特殊功能的枋,如天花枋、间枋、承椽枋、围脊枋、花台枋、跨空枋、关门枋、棋枋、麻叶穿插枋等。这些枋类构件虽不是主要的承重构件,但其在辅助主要梁架、组成整体构架中有着至关重要的作用。

视频讲解

Step1 制作枋：执行"创建"→"多边形基本体"打开"多边形立方体选项"对话框，设置宽度为 0.9，高度为 0.6，深度为 0.5，然后单击"应用"按钮，如图 5-18 所示。

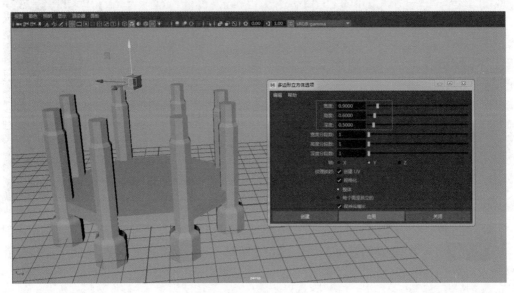

图　5-18

Step2 选择立方体，按住 Shift 键加选檐柱，执行"修改"→"捕捉对齐对象"打开"对齐对象选项"对话框，勾选"世界 Y"和"世界 Z"，"对齐到"选择"上一个选定对象"，如图 5-19 所示。

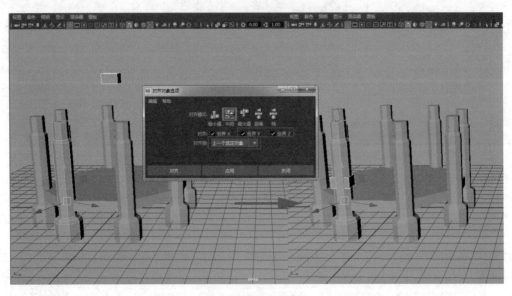

图　5-19

Step3 选择立方体调整到合适位置，然后执行"打组"命令，轴心恢复到世界坐标，如图 5-20 所示。

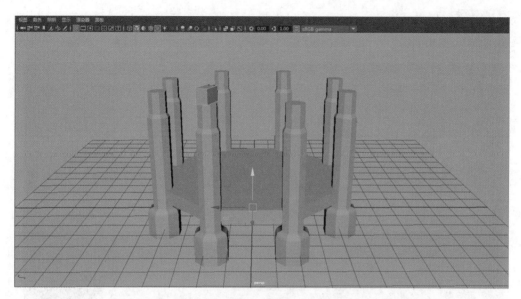

图　5-20

Step4　执行"编辑"→"特殊复制"打开"特殊复制选项"对话框,设置旋转 Y 为 45,
副本数为 7,然后单击"应用"按钮,如图 5-21 所示。

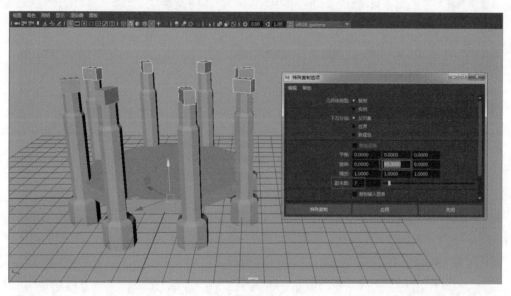

图　5-21

5.1.4　制作倒挂楣子

　　倒挂楣子(在我国南方又称木挂落)装于檐枋之下的柱间,主要起装饰
作用。倒挂楣子由边框、棂条及花牙子雀替组成,均镂空,使得建筑立面层
次更为丰富。游戏中的镂空部分通常通过贴图来表现。

视频讲解

Step1 创建多边形圆管，输入节点设置半径为 4.8，高度为 1.5，轴向细分数为 8，平移 Y 为 6.4，旋转 Y 为 -22.5，如图 5-22 所示。

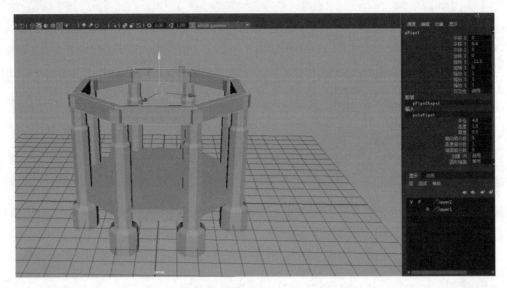

图 5-22

Step2 进入到面级别，选择面，按住 Shift 键的同时右击，选择"提取面"命令，如图 5-23 所示。

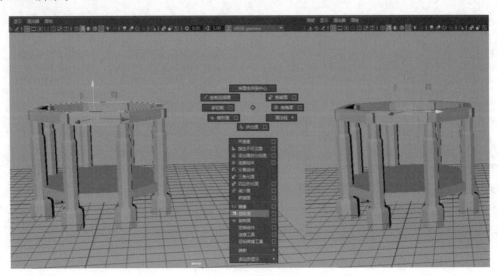

图 5-23

Step3 只保留提取的面，删除其他的面，然后执行"插入循环边"命令添加线段，选择边执行"挤出边"命令，如图 5-24 所示。

Step4 选择创建好的倒挂楣子模型，执行"编辑"→"特殊复制"打开"特殊复制选项"对话框，设置旋转 Y 为 45，副本数为 7，然后单击"应用"按钮，如图 5-25 所示。

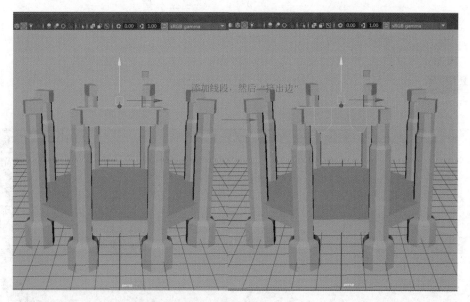

图　5-24

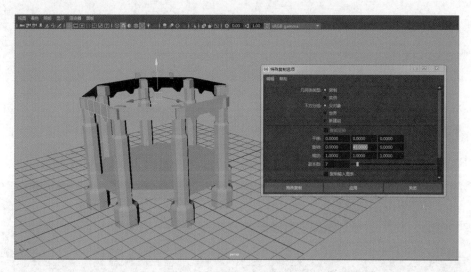

图　5-25

5.1.5　制作台阶和栏杆

视频讲解

踏跺,中国古建筑中的台阶,一般用砖或石条砌造,置于台基与室外地面之间,宋代时称"踏道",清代时叫"踏跺"。它不仅有台阶的功能,而且有助于处理从人工建筑到自然环境之间的过渡。传统建筑中的踏跺形式还有垂带踏跺、如意踏跺、御路踏跺等。

在建筑中,象眼,简单地说,就是台阶侧面的三角形部分。宋代时的象眼是层层凹入的形式,《营造法式》中就规定,象眼凹入三层,每层凹入半寸到一寸(1 寸＝0.33cm)。清代时的象眼大多是陡直的,有些表面平整,有些表面装饰有雕刻或镶嵌图案。除了台阶之外，在建筑上的其他类似地方的直角三角形部分，也都称为"象眼"。

在廊、阁、亭、榭等建筑物廊柱间，通常都会安置高为一尺五六寸（1 尺＝33.33cm）的矮栏，其上部为厚约二寸，宽六七寸的木板，如条凳，可以坐人，故称坐凳栏杆。

Step1 制作台阶两边的象眼模型：切换到右视图，执行"网格工具"→"创建多边形"命令，对照右视图参考图进行形状绘制，然后划分线，如图 5-26 所示。

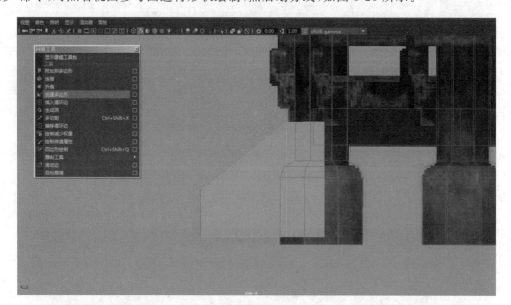

图 5-26

Step2 选择绘制好的面，执行"挤出面"命令，对照前视图参考图进行厚度挤压，设置局部平移 Z 为 0.1，如图 5-27 所示。

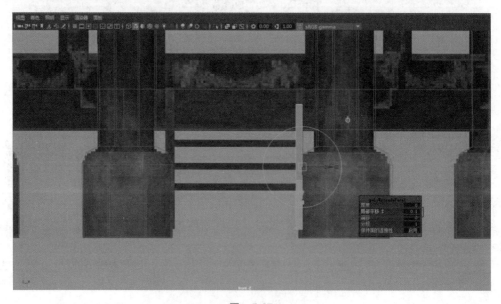

图 5-27

Step3　选择创建好的象眼模型，复制得到另一侧的象眼模型，如图 5-28 所示。

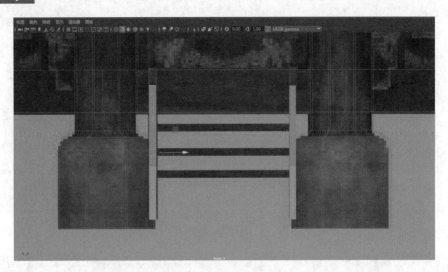

图　5-28

Step4　制作踏跺：创建多边形立方体，设置宽度为 2，高度为 0.1，深度为 0.5，如图 5-29 所示。

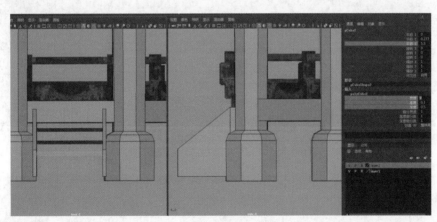

图　5-29

Step5　切换到前视图，选择立方体执行"复制"命令，然后设置平移 Y 为 0.587，平移 Z 为 5.3，如图 5-30 所示。

Step6　连续按 Shift＋D 键两次，踏跺模型如图 5-31 所示。

　　提示　为节省场景面数，看不到的面都需要删除，如踏跺两侧的面、两侧象眼底端和内侧的面，都需要单独选择进行删除。

Step7　制作坐凳：创建多边形圆管体，设置半径为 4.7，高度为 2.2，厚度为 0.8，旋转 Y 为－22.5，如图 5-32 所示。

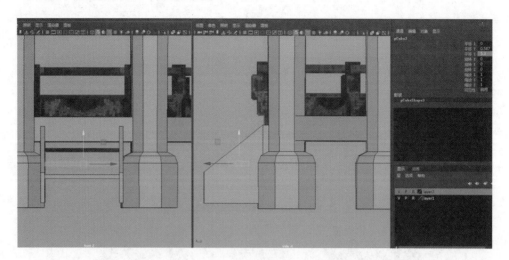

图　5-30

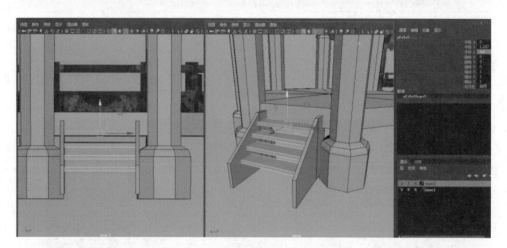

图　5-31

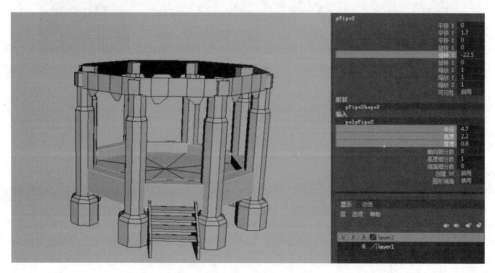

图　5-32

Step8　选择圆管，单击"隔离选择"图标，然后删除面，双击选择边，执行"填充洞"命令，如图 5-33 所示。

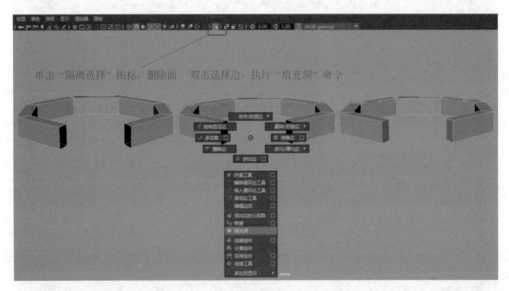

图　5-33

Step9　制作外围栏杆：创建多边形圆管体，设置半径为 5.2，高度和厚度为 0.35，旋转 Y 为－22.5，平移为 2.9，如图 5-34 所示。

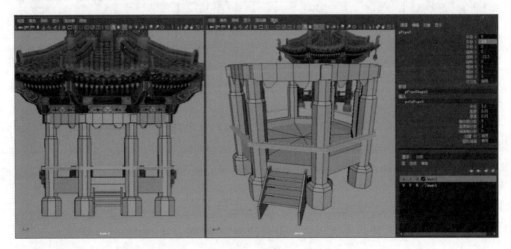

图　5-34

Step10　执行"网格工具"→"插入循环边"命令，插入两条循环边，然后分别用缩放工具把插入的循环边缩放在一条直线上，如图 5-35 所示。

Step11　选择面级别进行删除面，然后分别双击边执行"填充洞"命令，如图 5-36 所示。

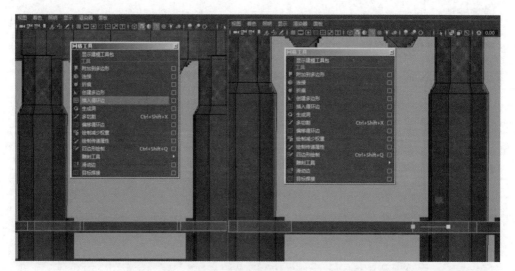

图　5-35

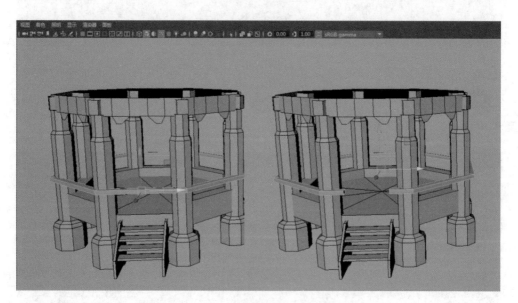

图　5-36

Step12　制作护栏：切换到右视图，执行"网格工具"→"创建多边形"命令，开启"X
射线显示"图标，对照右视图参考图进行形状绘制，然后划分线，如图 5-37 所示。

Step13　选择绘制好的面，执行"挤出面"命令，对照前视图参考图设置挤压厚度为
0.15，如图 5-38 所示。

Step14　选择护栏模型，执行"编辑"→"分组"命令，轴心恢复到世界坐标系，然后按
Ctrl＋D 键复制，设置旋转为－45，再连续按 Shift＋D 键 6 次，得到其他护栏模型，如
图 5-39 所示。

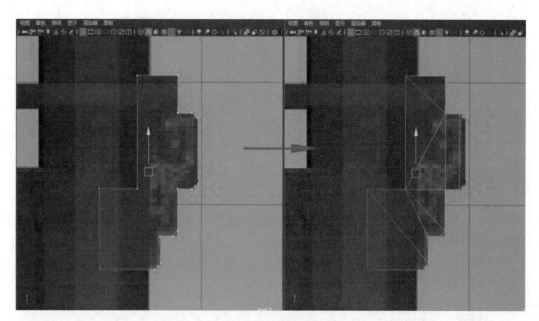

图　5-37

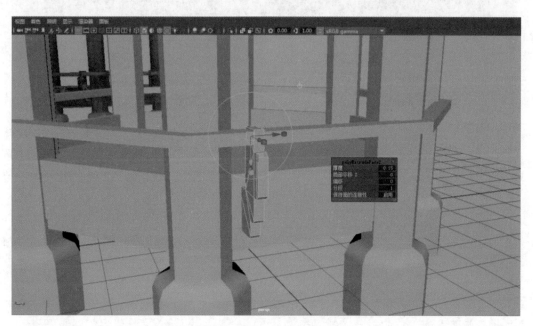

图　5-38

Step15　选择靠近台阶的护栏模型,执行"编辑"→"分组"命令,轴心恢复到世界坐标系,然后执行"特殊复制"命令,设置缩放 X 为−1,再单击"应用"按钮,如图 5-40 所示。

Step16　选择护栏模型组级别,然后执行"特殊复制"命令,设置旋转为 45,副本数为 7,再单击"应用"按钮,如图 5-41 所示。

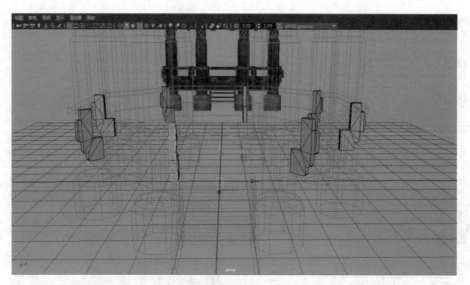

图 5-39

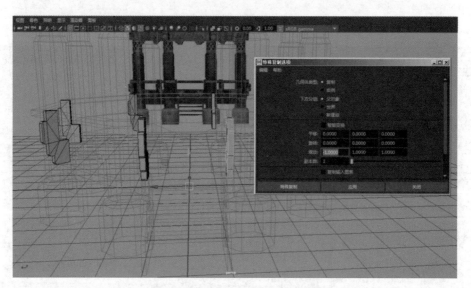

图 5-40

提示　切记一定要在组级别上进行模型复制，否则模型将会在自身坐标系中连续复制 7 个模型。

5.1.6　制作角梁和风铃

视频讲解

　　在建筑屋顶上的垂脊处，即屋顶的正面和侧面相接处，最下面斜置并伸出柱子之外的梁，叫角梁。角梁一般有上下两层，下层梁在清式建筑中称"老角梁"，老角梁上面，即角梁的上层梁称"仔角梁"，也叫"子角梁"。

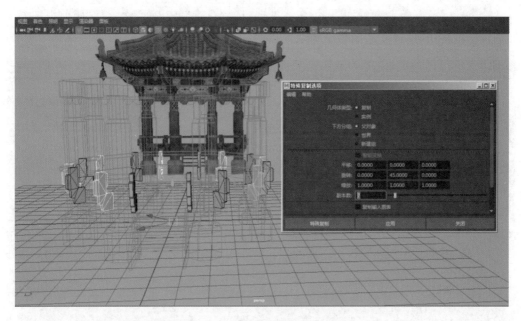

图　5-41

自古以来风铃具有避邪、化煞、保平安的作用。小者为铃,大者为钟,不管是风铃还是铜钟,寓意具有招财化煞的效果。

Step1　制作老角梁:切换到右视图,执行"网格工具"→"创建多边形"命令,对照右视图参考图进行形状绘制,如图 5-42 所示。

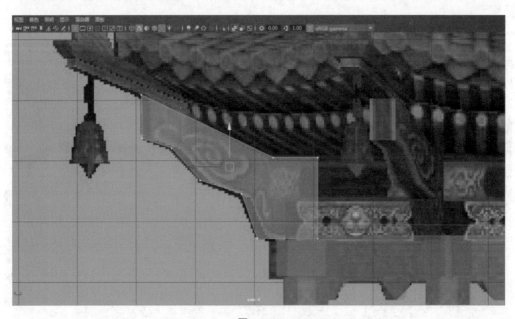

图　5-42

Step2 选择绘制好的面,进行布线处理,然后执行"挤出面"命令,对照前视图参考图进行厚度挤压,设置局部平移 Z 为 0.5,如图 5-43 所示。

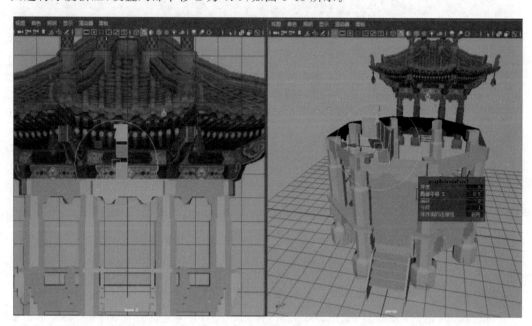

图　5-43

Step3 选择老角梁模型执行"修改"→"居中枢轴"命令,旋转 Y 为 -22.5,然后按住 W 键加鼠标左键的同时,可以设置为对象坐标系,再移动到合适位置,如图 5-44所示。

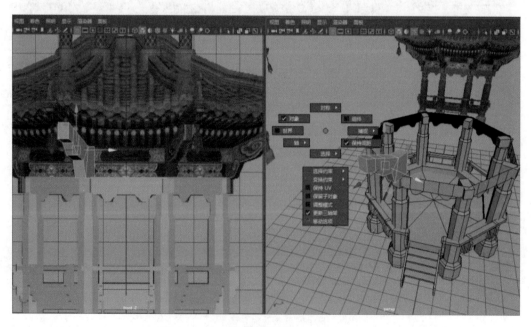

图　5-44

Step4　创建多边形立方体,设置宽度为 0.5,高度为 0.2,深度为 4;然后创建立方体,设置宽度为 0.8,高度为 0.3,深度为 4,如图 5-45 所示。

图　5-45

Step5　选择两个立方体进行打组作为仔角梁,然后执行"修改"→"居中枢轴"命令,将坐标恢复到自身,如图 5-46 所示。

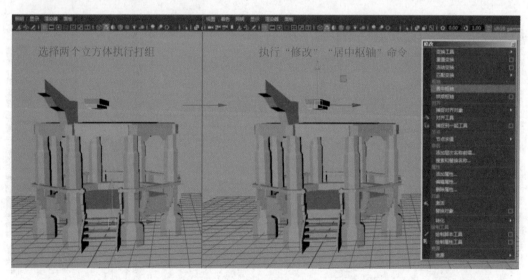

图　5-46

Step6　选择两个立方体的组级别加选老角梁模型,执行"修改"→"捕捉对齐对象"→"对齐对象"命令,在弹出的选项中勾选"世界 Y"和"世界 Z","对齐到"选择"上一个选定对象",再单击"应用"按钮,如图 5-47 所示。

Step7　选择仔角梁组级别,设置旋转 X 为−25,旋转 Y 为−22.5,移动到合适位置,如图 5-48 所示。

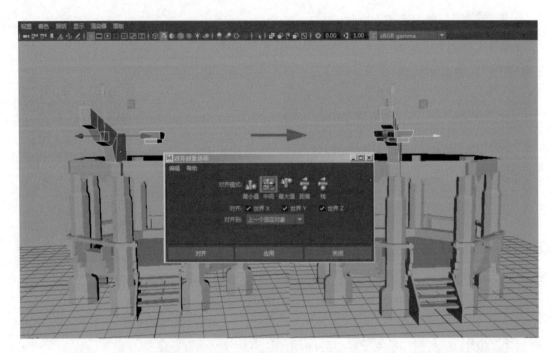

图 5-47

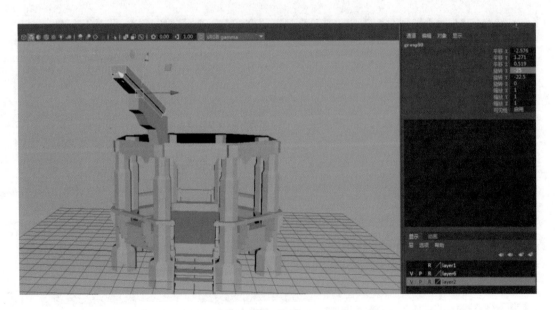

图 5-48

Step8 制作风铃：切换到右视图，创建多边形圆柱，设置半径为 0.4，高度为 0.7，轴心细分数为 6，如图 5-49 所示。

Step9 制作风铃底部结构：删除没有用的边，选择边执行"挤出边"命令，然后选择面执行"提取面"命令，如图 5-50 所示。

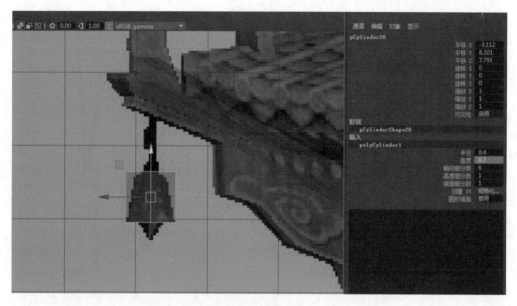

图　5-49

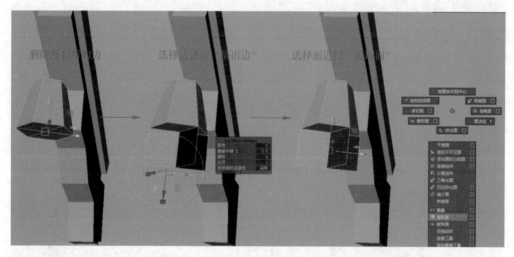

图　5-50

Step10　分别选择边,按下 Shift 键的同时右击,执行"合并/收拢边"→"合并边到中心"命令,选择中间点进行缩放,如图 5-51 所示。

Step11　制作风铃顶端结构布线:删除交叉线重新布线,选择中间的线执行"倒角边"命令,选择两边的线,按下 Shift 键的同时右击,分别执行"合并/收拢边"→"合并边到中心"命令,最后选择中间的面进行缩放,如图 5-52 所示。

Step12　制作风铃锁链:添加环线然后执行"挤出边"命令,然后选择面进行"提取面"命令,再删除环线,用多切割工具对平面进行布线,删除顶角端的三角形,最后复制锁链,设置从下往上的锁链旋转 Y 分别为 15、60、−15、65,如图 5-53 所示。

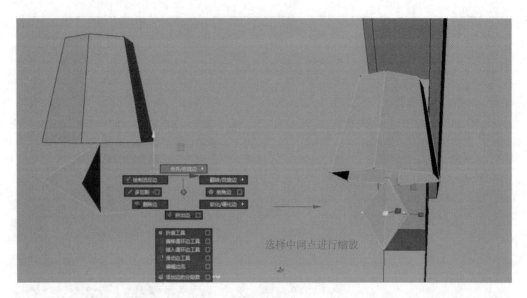

图　5-51

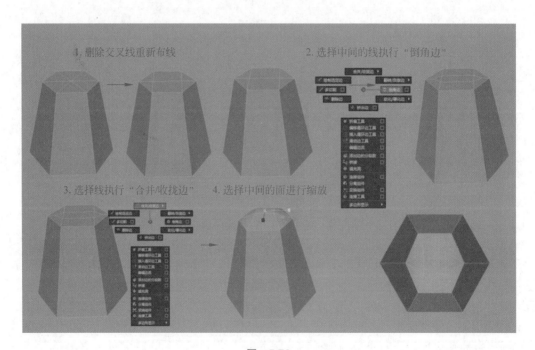

图　5-52

Step13　选择创建好的角梁和风铃模型，执行"编辑"→"分组"命令，坐标恢复到世界坐标系，如图 5-54 所示。

Step14　执行"编辑"→"特殊复制"命令，打开特殊复制的选项，设置旋转 Y 为 45，副本数为 7，然后单击"应用"按钮，如图 5-55 所示。

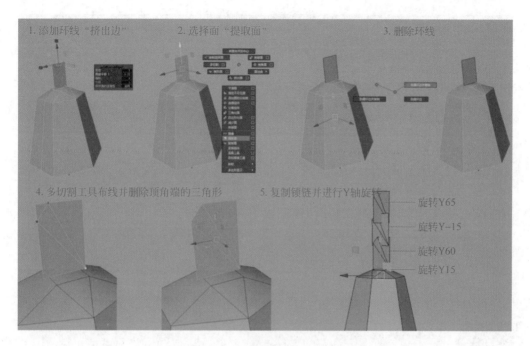

图　5-53

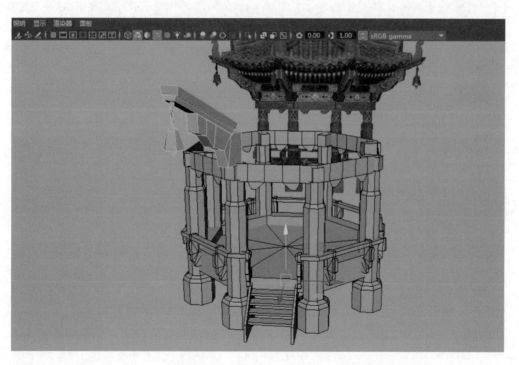

图　5-54

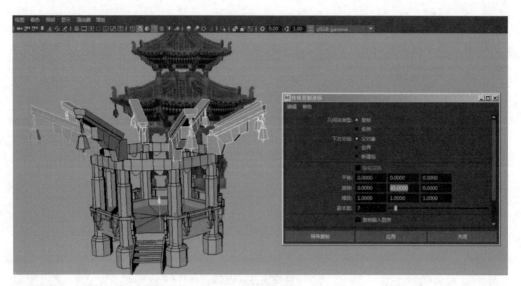

图　5-55

视频讲解

5.1.7　制作额枋

额，匾额。枋，两柱之间起联系作用的横木，断面一般为矩形。额枋是中国古代建筑中柱子上端联络与承重的水平构件。南北朝时期的石窟建筑中可以看到此种结构，多置于柱顶；隋、唐以后移到柱间，到宋代开始称为"阑额"，也叫"檐枋"。有些额枋是上下两层重叠的，在上的称为大额枋，在下的称为小额枋。建筑正面的额枋，是雕刻和彩绘装饰的重点部位。

Step1　制作小额枋：创建多边形圆柱体，设置半径为 5.1，高度为 1.5，轴向细分数为 8，旋转 Y 为−22.5，如图 5-56 所示。

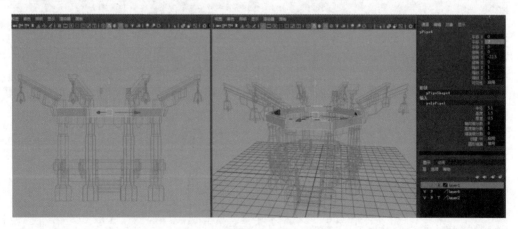

图　5-56

Step2　制作大额枋：创建多边形圆柱体，设置半径为 5.3，高度为 1.5，轴向细分数为 8，旋转 Y 为−22.5，如图 5-57 所示。

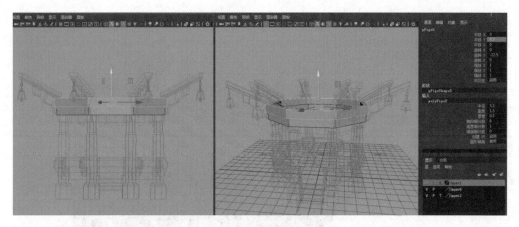

图　5-57

Step3　选择两个圆柱体，执行"网格"→"并集运算"命令，选择内部的面，按 Delete 键删除，如图 5-58 所示。

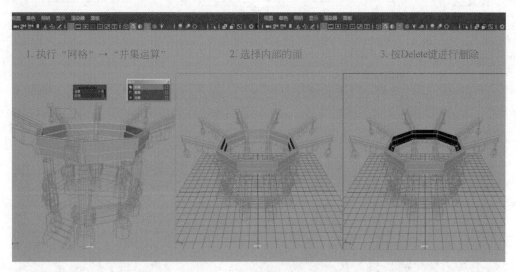

图　5-58

5.1.8　制作神兽

视频讲解

　　屋脊神兽是指中国古代建筑中放置在房屋、宫殿等房脊上的雕塑作品。在中国古建筑的屋脊上，装饰有造型精美的神兽形象，它们按类别分为吻兽、望兽、垂兽、戗兽、仙人走兽、套兽、跑兽（蹲兽），合称脊兽。一般来说，正脊上安放吻兽和望兽，垂脊上安放垂兽，戗脊上安放戗兽，另在屋脊边缘处安放仙人走兽。套兽安放于角梁的端头上，其作用是防止檐角遭到雨水侵蚀，多为狮子头或龙头形状。

　　古建筑上的跑兽最多有十个，如图 5-59 所示，分布在房屋两端的垂脊上，由下至上的顺序依次是龙、凤、狮子、天马、海马、狻猊、狎鱼、獬豸、斗牛、行什，这些跑兽的设置各有不同的寓意。跑兽的数量代表这座建筑的等级，数量越多，等级越高。

图　5-59

Step1　制作屋脊神兽：此案例中的屋脊神兽是根据游戏原画师的创意设计的，所以形象比较特殊，和古建筑的屋脊神兽形象有所不同。切换到右视图，执行"网格工具"→"创建多边形"命令，开启"X射线显示"图标，对照右视图参考图进行形状绘制，然后划分线，如图5-60所示。

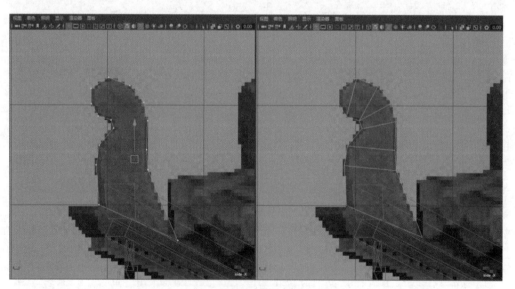

图　5-60

Step2　选择绘制好的面，执行"挤出面"命令，对照前视图参考图进行厚度挤压，设置局部平移Z为−0.3，当挤出模型为黑色时，可执行窗口命令"照明"→"双面照明"，如图5-61所示。

Step3　利用缩放工具分别进入到边级别和面级别，修改神兽模型每个角度的结构，如图5-62所示。

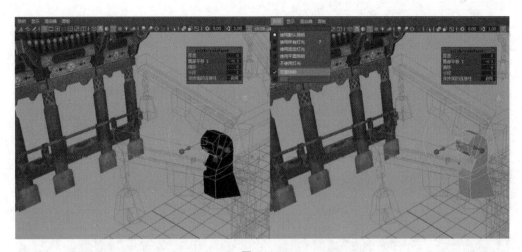

图　5-61

图　5-62

Step4　选择神兽模型，执行"编辑"→"分组"命令，轴心恢复到世界坐标系，如图 5-63 所示。

Step5　选择神兽模型，执行"编辑"→"特殊复制"命令，设置旋转 Y 为 45，副本数为 7，然后单击"应用"按钮，如图 5-64 所示。

5.1.9　制作屋顶和垂脊

古建屋顶一般指中国古代建筑屋顶样式，主要由屋面、屋脊等组成，而且有严格的等级制度。中国古代建筑的屋顶对建筑立面起着特别重要的作

视频讲解

用，它那远远伸出的屋檐、富有弹性的屋檐曲线、由举架形成的稍有反曲的屋面、微微起翘的屋角（仰视屋角，角椽展开犹如鸟翅，故称"翼角"）以及硬山、悬山、歇山、庑殿、攒尖、十

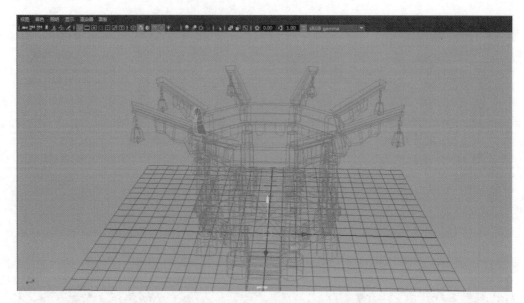

图   5-63

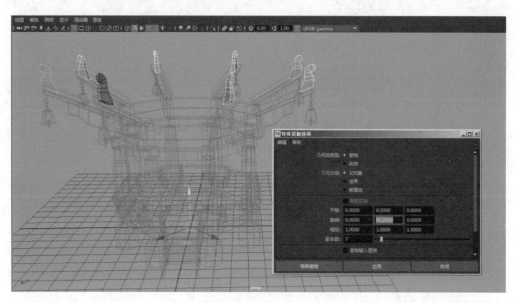

图   5-64

字脊、盝顶、重檐等众多屋顶形式的变化，加上灿烂夺目的琉璃瓦，使建筑物产生独特而强烈的视觉效果和艺术感染力。通过对屋顶进行种种组合，又使建筑物的体形和轮廓线愈加丰富。而从高空俯视，屋顶效果更好，也就是说，中国建筑的"第五立面"是最具魅力的。

垂脊是中国古代汉族建筑屋顶的一种屋脊。在歇山顶、悬山顶、硬山顶的建筑上自正脊两端沿着前后坡向下，在攒尖顶中自宝顶至屋檐转角处。

Step1   制作屋顶：创建多边形圆锥体，设置半径为 7.5，高度为 3.5，轴向细分数为 8，旋转 Y 为 −22.5，平移 Y 为 11.5，如图 5-65 所示。

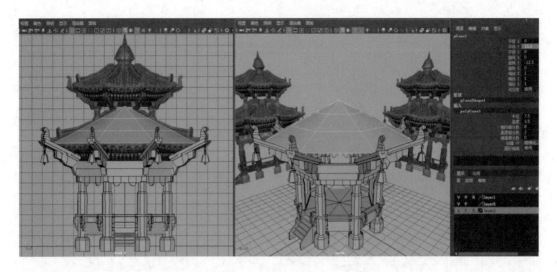

图　5-65

Step2　执行"网格工具"→"插入循环边工具"命令,在弹出的"工具设置"对话框中,选择"多个循环边",设置循环边数为 3,如图 5-66 所示。

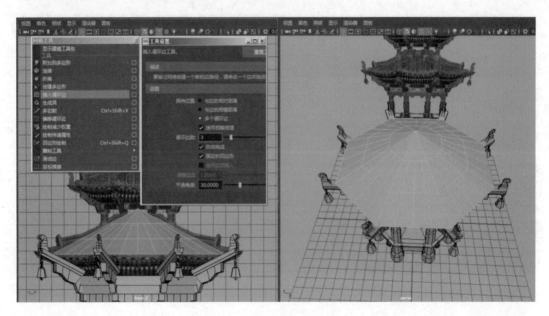

图　5-66

Step3　双击插入的两侧循环边,按住 Shift 键分别加选循环边,对照前视图进行第一次下移和第二次下移调整,如图 5-67 所示。

Step4　对顶部的面划分线,选择顶部顶点执行"编辑网格"→"切角顶点"命令,删除顶端的面,如图 5-68 所示。

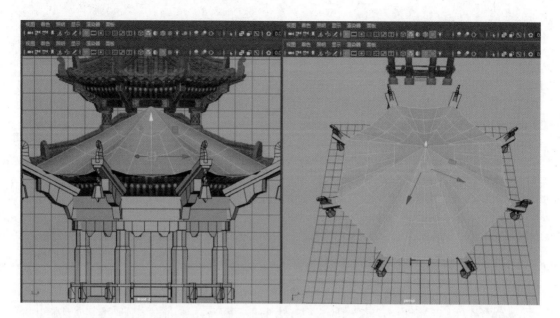

图 5-67

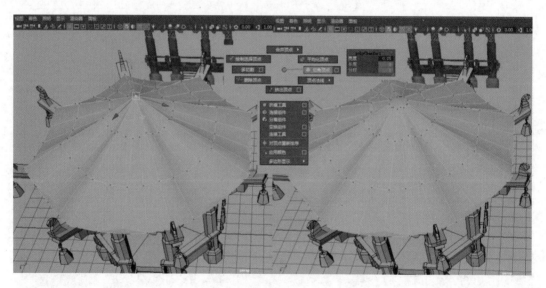

图 5-68

Step5 执行"网格工具"→"多切割"工具,按住 Ctrl 键的同时单击模型即可插入循环边,然后用缩放工具对插入的循环边进行缩放,如图 5-69 所示。

Step6 制作垂脊:切换到前视图,使用 EP 曲线工具,在弹出的选项中设置"曲线次数"为"3 立方",绘制屋脊剖面,如图 5-70 所示。

Step7 切换到右视图,使用 EP 曲线工具,在弹出的选项中设置"曲线次数"为"1 线性",绘制屋脊路径线,如图 5-71 所示。

图　5-69

图　5-70

Step8　选择屋脊剖面线,加选屋脊路径线,执行"曲面"→"挤出"命令,在弹出的选项中设置"结果位置"为"在路径处","枢轴"为"组件","输出几何体"为"多边形","类型"为"四边形","细分方法"为"常规",然后单击"应用"按钮,如图 5-72 所示。

Step9　选择屋脊剖面线,加选屋脊路径线,执行"曲面"→"挤出"命令,在"显示"→"输入"中设置 U 向数量为 6,如图 5-73 所示。

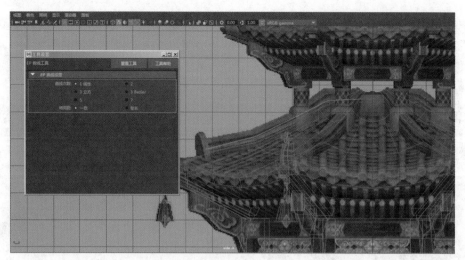

图 5-71

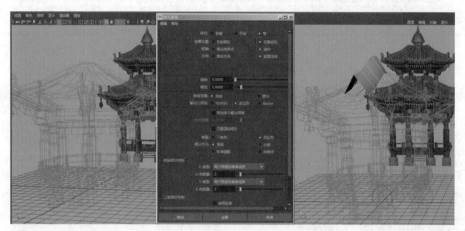

图 5-72

图 5-73

Step10　选择屋脊剖面线，使用缩放工具，设置缩放 X、Y、Z 均为 0.35，平移 Y 为 −0.17，如图 5-74 所示。

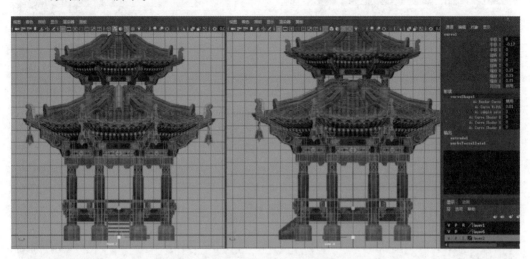

图　5-74

Step11　制作屋脊前面的瓦当：创建多边形立方体，设置宽度为 0.9，高度为 1.2，深度为 0.3，细分宽度为 2，高度细分数为 3，如图 5-75 所示。

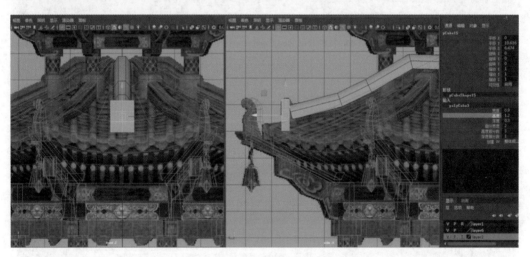

图　5-75

Step12　选择立方体进行调整，然后设置旋转 X 为 15，如图 5-76 所示。

Step13　选择垂脊和瓦当模型，执行"编辑"→"分组"命令，设置旋转 Y 为 −22.5，如图 5-77 所示。

Step14　在刚才的组级别上再次执行"编辑"→"分组"命令，如图 5-78 所示。

Step15　执行"编辑"→"特殊复制"命令，设置旋转 Y 为 45，副本数为 7，然后单击"应用"按钮，如图 5-79 所示。

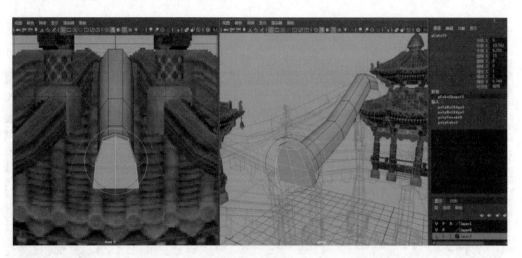

图　5-76

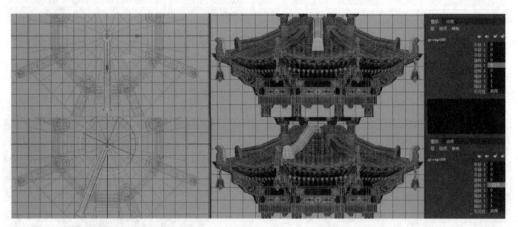

图　5-77

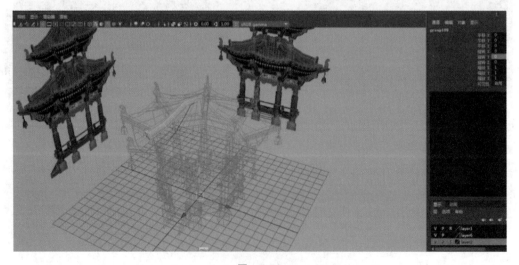

图　5-78

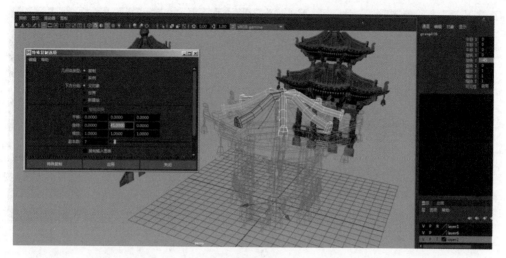

图　5-79

Step16　制作封顶：创建多边形圆柱体，设置轴向细分数为 8，重新划分线，删除底部的面，如图 5-80 所示。

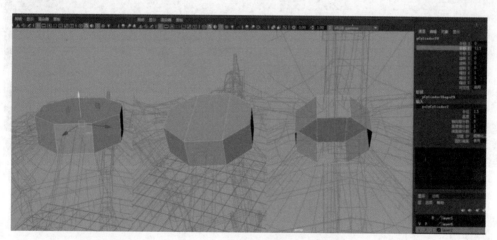

图　5-80

5.1.10　制作椽和重檐层

视频讲解

椽是屋面基层的最底层构件，垂直安放在檩木之上。屋面基层是承接屋面瓦的基础层，它由椽、望板、飞椽、连檐、瓦口等构件组成。房屋的木构架由柱、梁、檩、构架连接件和屋面基层五部分组成。现代混凝土坡屋面中多用洋瓦，即水泥瓦，椽已不使用。

Step1　制作椽：选择屋顶的面执行"挤出面"命令，局部平移 Z 为 0.5，全局缩放为0.85，如图 5-81 所示。

Step2　继续执行"挤出面"命令，设置局部平移 Z 为 0.3，全局缩放为 0.9，如图 5-82所示。

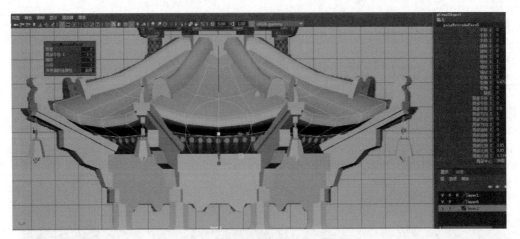

图 5-81

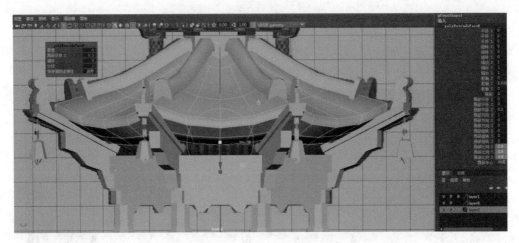

图 5-82

Step3 再次执行"挤出面"命令，设置局部平移 Z 为 0.6，全局缩放为 0.9，删除挤出的面，如图 5-83 所示。

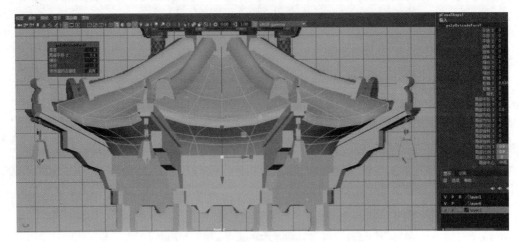

图 5-83

Step4 执行"窗口"→"大纲视图"命令,选择亭底部的构造(除台基、台阶、坐凳栏杆和曲线外)进行打组,如图5-84所示。

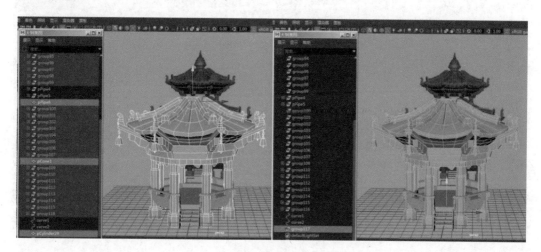

图 5-84

Step5 选择组执行"编辑"→"复制"命令,然后删除倒挂楣子、小额枋、枋、风铃,编辑檐柱,只保留大额枋即可,如图5-85所示。

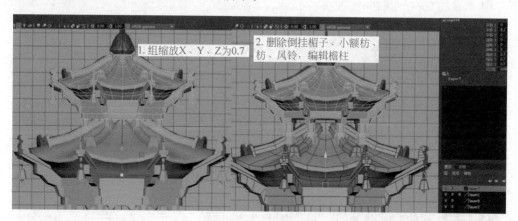

图 5-85

5.1.11 制作宝顶

视频讲解

在建筑物的顶部中心位置,尤其是攒尖式屋顶的顶尖处,往往立有一个圆形或近似圆形之类的装饰,它被称为"宝顶"。在一些等级较高的建筑中,或者确切地说,在皇家建筑中,宝顶大多由铜质鎏金材料制成,光彩夺目。

Step1 按住空格键加鼠标左键切换到右视图,对照参考图使用EP曲线工具,在弹出的"工具设置"对话框中设置"曲线次数"为"1线性",绘制出宝顶的剖面结构,如图5-86所示。

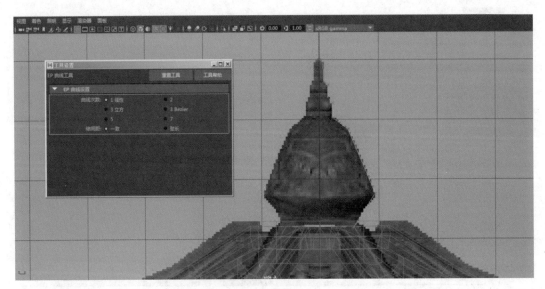

图 5-86

Step2 选择绘制好的曲线，执行"曲面"→"旋转"命令，在弹出的"旋转选项"对话框中设置"输出几何体"为"多边形"，"类型"为"四边形"，"细分方法"为"常规"，"V 向数量"为 8，然后单击"应用"按钮，如图 5-87 所示。

图 5-87

5.1.12 优化场景

视频讲解

Step1 执行"窗口"→"大纲视图"命令，框选场景中曲线以外的模型，执行"编辑"→"分组"命令，并给组命名为 md，如图 5-88 所示。

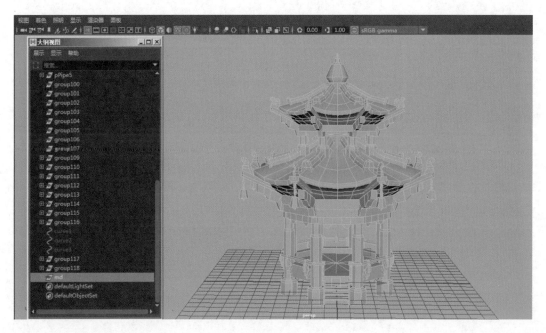

图　5-88

Step2　选择 md 组执行"文件"→"优化场景大小"命令,单击"应用"按钮,清理场景中所有没用的节点,如图 5-89 所示。

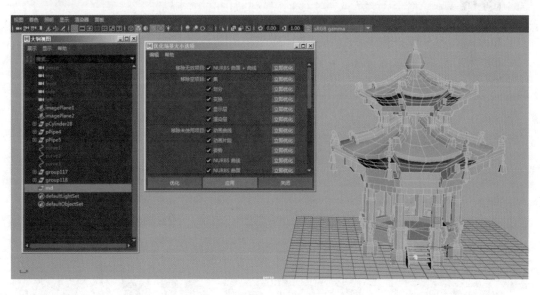

图　5-89

Step3　大纲视图中还有未清理干净的节点,需要选择 md 组执行"编辑"→"按类型删除全部"→"历史"命令,清理场景中所有没用的节点,如图 5-90 所示。

图 5-90

提示 场景中的有些节点执行"优化场景大小"和"按类型删除全部"→"历史"命令时，节点还是存在，需要我们手动选择节点，按 Delete 键删除。

Step4 古建攒尖式重檐八角亭线框图效果如图 5-91 所示。

Step5 古建攒尖式重檐八角亭 AO 图效果如图 5-92 所示。

Step6 古建攒尖式重檐八角亭游戏中贴图后渲染效果如图 5-93 所示。

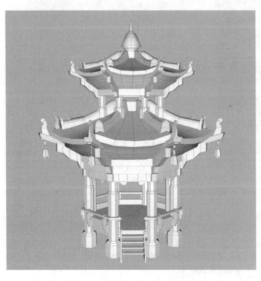

图 5-91

图 5-92

图　5-93

5.2　习　　题

（1）应用综合建模技术练习创建古建攒尖式重檐八角亭模型。

（2）应用综合建模技术创建本章附赠的两张游戏场景模型，如图 5-94 所示。要求熟练掌握游戏场景古建模型的制作规范和布线规律。

图　5-94

第6章

Chapter 06

[Maya卡通角色建模]

本章学习目标

- 学习为卡通角色模型合理拓扑结构
- 综合应用建模工具包命令进行卡通角色建模
- 熟练掌握卡通角色建模的方法与技巧

本章通过卡通角色老虎头像建模案例，向读者介绍多边形建模应用于卡通角色建模的制作方法与技巧，重点学习使用多边形建模技术来创建卡通老虎头像模型，学习为模型合理拓扑结构，尽量用最少的多边形面数来塑造模型。

6.1　卡通老虎头像建模

案例分析

　　本节以卡通角色老虎头像建模为例，主要讲解使用多边形建模技术来创建卡通老虎头像模型。综合应用建模工具包命令进行卡通角色老虎头像建模以及学习合理拓扑头部结构。

命令应用

多切割工具	目标焊接工具	挤出边命令	挤出面命令
编辑边流命令	切角顶点命令	结合命令	合并命令
特殊复制命令	倒角边命令		

制作思路

　　创建项目工程→参考图的设置→模型的创建→模型的布线

案例步骤

6.1.1　创建项目工程

　　Step1　打开 Maya 软件，首先创建项目工程文件，执行"文件"→"项目"→"项目窗口"命令，打开"项目窗口"对话框，单击"新建"按钮，设置"当前项目"为 tiger_head，"位置"设置为桌面，然后单击"接受"按钮，如图 6-1 所示。

视频讲解

图　6-1

Step2 项目创建成功后，桌面会出现一个 tiger_head 的文件夹，然后选择需要用到的两张老虎头像的参考图（前视图和右视图）进行复制、粘贴到桌面 tiger_head 文件夹的 sourceimages（源图像文件）文件夹内，如图 6-2 所示。至此项目工程文件创建完毕。

图　6-2

6.1.2　参考图的设置

视频讲解

Step1 首先按住空格键单击，快速切换到右视图，然后执行"创建" →"多边形基本体"→"平面"命令，弹出"多边形平面选项"对话框，如图 6-3 所示，设置宽度分段数为1，高度分段数为1，轴向选择 X，单击"应用"按钮。这样右视图就创建了一张平面。

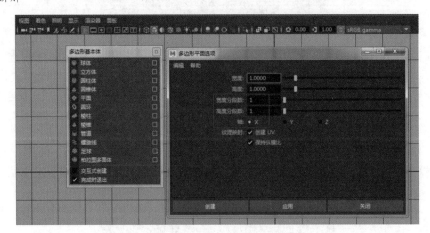

图　6-3

Step2　设置的平面参数要和 sourceimages 文件夹里的参数一致。可以单击一下侧视图,查看图片的尺寸为 178×185,然后把这个数值分别除以 100 设置给参考图。在"通道"→"输入"中设置宽度为 1.78,高度为 1.85,如图 6-4 所示。这样就在 Maya 里面创建了一张和外界一样尺寸的参考图。

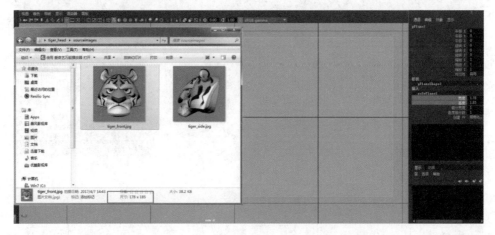

图　6-4

Step3　接着切换到工具架渲染里面,选择图像平面,单击 lambert 材质球。需要注意的是:一定要给多边形平面添加一个新材质球,不要在原始材质球上链接参考图,如图 6-5 所示。

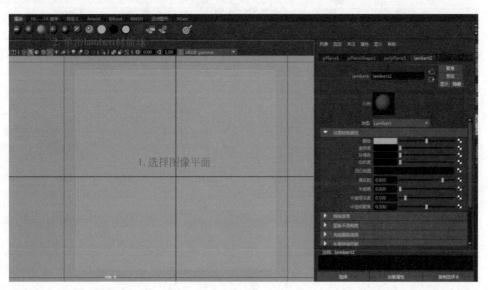

图　6-5

Step4　选择 lambert2 材质球,在它的颜色属性后面有一个棋盘格,单击选择文件,然后在"文件属性"→"图像名称"中单击链接,如图 6-6 所示,Maya 会自动链接到外界工程文件夹下的 sourceimages 文件夹。然后选择老虎侧面参考图,这样外界的参考图就导入到 Maya 内部了。

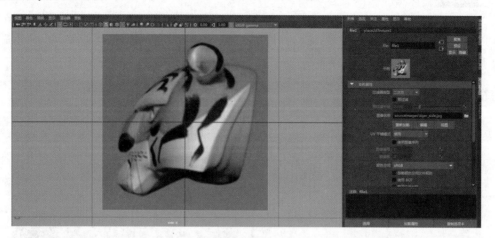

图 6-6

Step5 按住空格键单击，选择前视图，执行"创建"→"多边形基本体"→"平面"命令，在"多边形平面选项"对话框中，设置宽度分段数为 1，高度分段数为 1，轴向选择 Z，单击"应用"按钮，如图 6-7 所示。

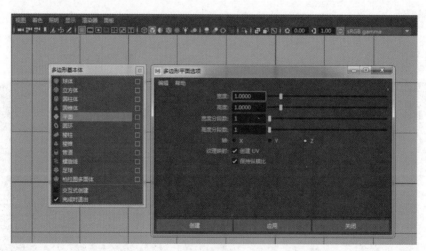

图 6-7

Step6 调整这个参考图的属性，要和外界参考图的比例保持一致，设置宽度为 1.78，高度为 1.85，如图 6-8 所示。

Step7 同理，一定要添加一个新材质球。选择图像平面，单击工具架渲染栏里的 lambert 材质球，这样材质球就会赋予图像平面并且自动命名为 lambert3，然后在 lambert3 颜色属性下单击棋盘格，接着单击图像文件链接老虎正面参考图，如图 6-9 所示。

Step8 在视窗里按下数字键 6，去查看这两张参考图。前视图参考图我们要对位一下，因为前视图参考图是左右对称的，找到它的中线位置，把前视图参考图往它的负轴上移动，如图 6-10 所示。

图　6-8

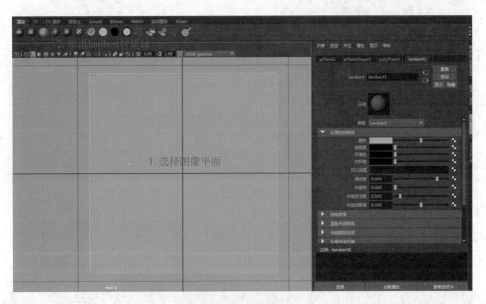

图　6-9

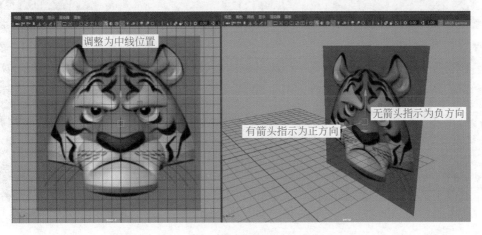

图　6-10

提示　所谓图像的正轴和负轴，通常就是有箭头指示的方向为正轴，没有箭头指示的方向为负轴。所以要把这两张参考图都往负轴的方向移动，把网格中心的地方保留出来，这样就可以更方便地进行模型创建。

Step9　选择这两张参考图移动到三维空间网格之上，如图 6-11 所示。

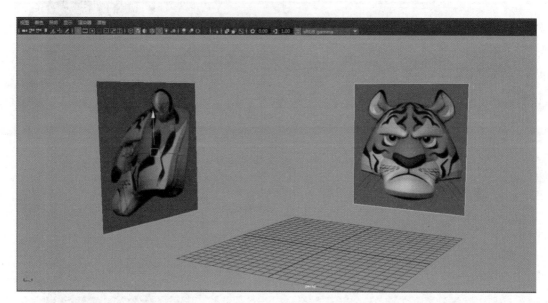

图　6-11

Step10　选择这两张参考图，在通道盒层编辑器创建一个图层，把这两张图放到图层里面进行 R 渲染并锁定。这样建模时参考图就不能被选择了，如图 6-12 所示。

图　6-12

Step11　执行"文件"→"场景另存为"命令，名字设置为 tiger_head_mdoo1，单击"另存为"按钮，保存场景文件，如图 6-13 所示。

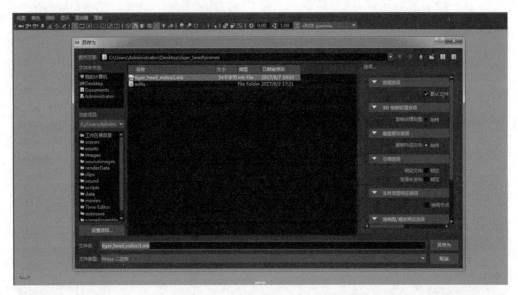

图　6-13

6.1.3　模型的创建

Step1　首先切换到建模模块，找到工具架，创建一个多边形立方体。按住空格键单击，切换到前视图，设置多边形立方体的参数，细分宽度设置为 2，高度细分数设置为 3，深度细分数设置为 2，如图 6-14 所示。

视频讲解

图　6-14

Step2 为了方便调整模型，单击窗口菜单上的"X 射线显示"快捷图标，或者执行"视图"→"着色"→"X 射线显示"命令，如图 6-15 所示。

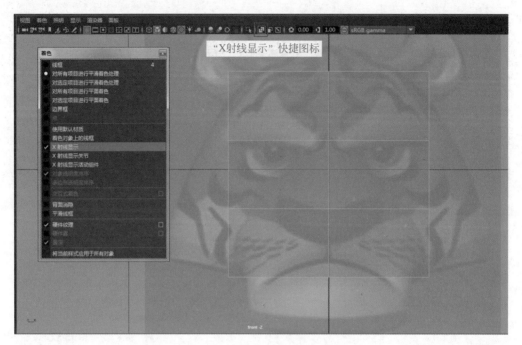

图　6-15

Step3 单击"建模工具包"快捷图标，开启建模工具包，"对称"设置为"对象 X"。开启对称设置后，只需要调整模型的一半，另外一半模型会随之进行调整，如图 6-16 所示。

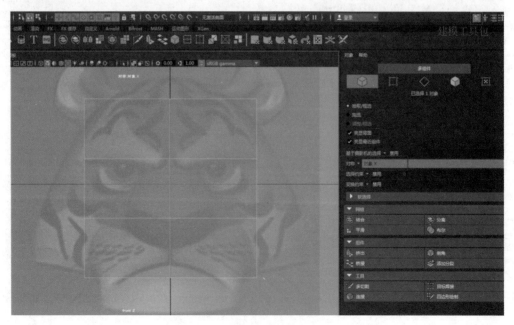

图　6-16

Step4　参照前视图进行老虎头像模型调整，如图 6-17 所示。

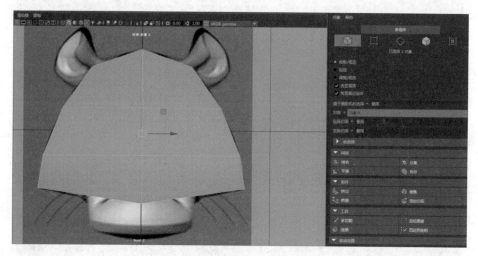

图　6-17

Step5　接下来调整右视图老虎头像模型。按住空格键单击，切换到右视图。用快捷键 E 进行旋转调整，先调整最后一排点的位置，再调整中间一排点的位置，最后调整前一排点的位置，如图 6-18 所示。

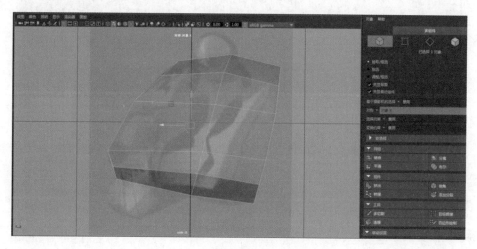

图　6-18

Step6　选择老虎下巴的面，执行"挤出面"命令，挤出老虎下巴。对前视图和右视图进行调整，如图 6-19 所示。

Step7　确定老虎的五官比例，选择建模工具包里的"多切割"工具。按住 Ctrl 键的同时，单击老虎鼻翼位置处会快速地添加一圈环线，确定出老虎鼻子的位置，如图 6-20 所示。

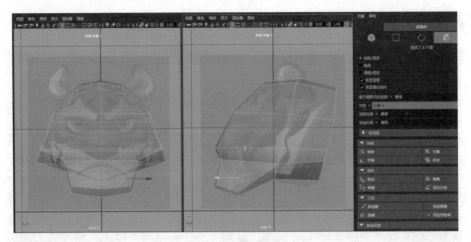

图 6-19

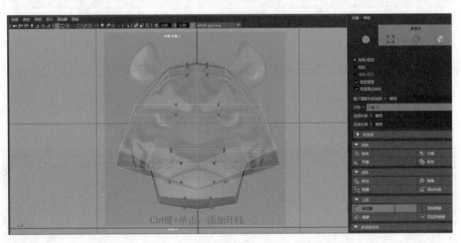

图 6-20

Step8 继续执行建模工具包里面的"多切割"工具，确定出老虎眼睛的位置，如图 6-21 所示。

Step9 切换到前视图和右视图，调整老虎眼睛的定位点，前视图和右视图如图 6-22 所示。

Step10 老虎眼睛的定位点找到以后，选择点，执行"切角顶点"命令，如图 6-23 所示。

Step11 打开"X 射线显示"，在前视图和右视图调整老虎的眼睛部位，如图 6-24 所示。

Step12 在建模工具包中执行"多切割"工具，在老虎的额头部位添加一圈环线，间接确定出老虎的耳朵部位，如图 6-25 所示。

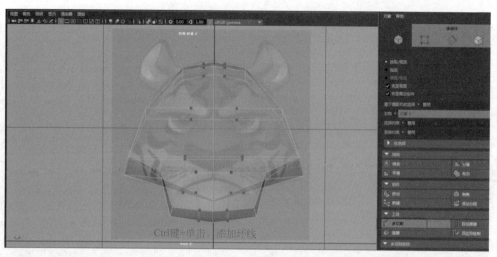

图　6-21

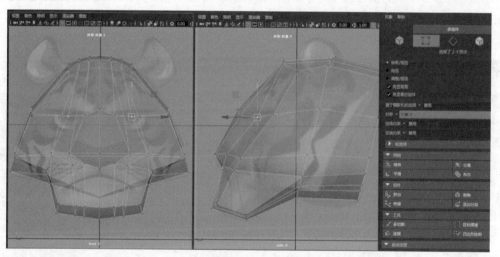

图　6-22

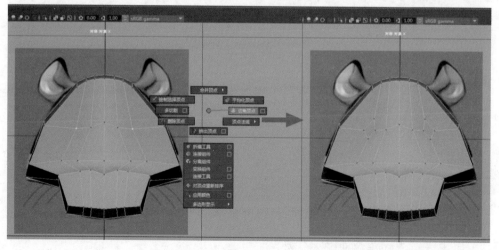

图　6-23

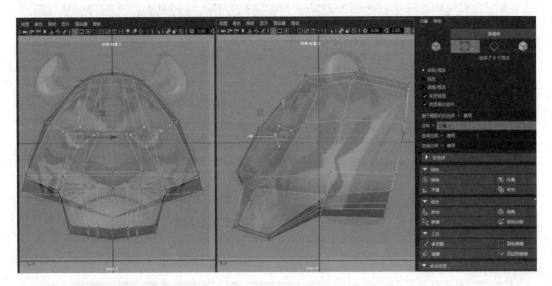

图　6-24

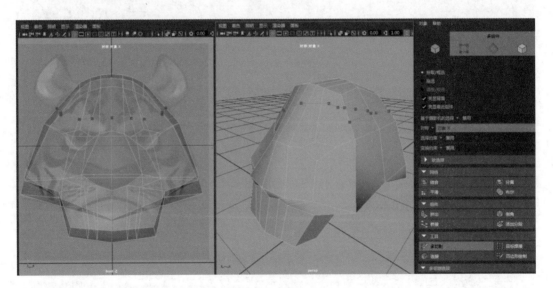

图　6-25

Step13　切换到右视图，选择老虎耳朵部位的面，执行"挤出"命令，然后缩放调整如图 6-26 所示。

提示　调整模型时可以按一下小键盘的向下箭头键，这样可以快速选择到模型组件进行调整。

Step14　选择边缘的这三个面执行"挤出面"命令，然后多次执行"多切割"工具，进行添加边操作，调整耳朵造型如图 6-27 所示。

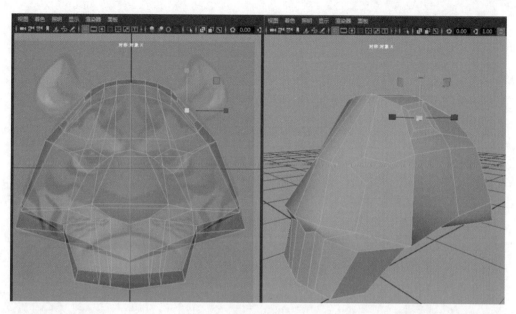

图　6-26

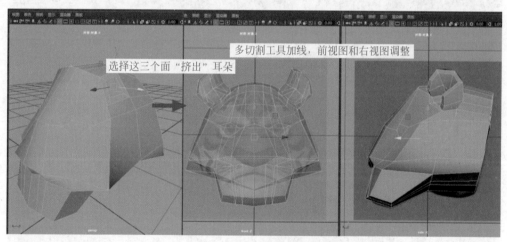

图　6-27

Step15　执行"网格工具"→"多切割"命令,添加一圈环线,确定出老虎的嘴巴部位,如图 6-28 所示。

> **提示**　建议大家创建模型前期不要添加太多的线,一定要合理地添加线。一旦添加的线多了,后续需要调整模型的点也就多了。

Step16　切换到右视图,执行"网格工具"→"多切割"命令,给老虎的下巴添加一圈环线,间接丰富耳朵结构的布线,然后选择老虎头部后面的面,按下 Delete 键删除,如图 6-29 所示。

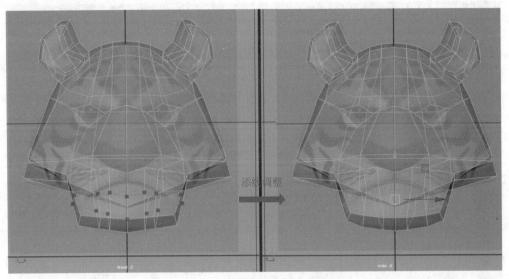

图　6-28

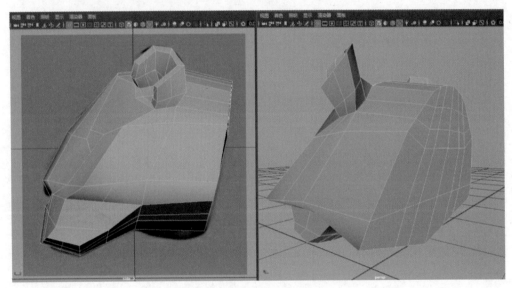

图　6-29

Step17　执行"网格工具"→"多切割"命令,添加横线和竖线,然后调整老虎眉弓部位的布线。注意:建议大家参照第 1 章讲的布线规律(1.6.6 节),模型尽量要保持四边形的面,如图 6-30 所示。

Step18　根据骨骼结构,眉弓部分是略微靠前的。选择眉弓的线,按住 Shift 键的同时右击,选择"编辑边流"命令。主要在顶视图和右视图调整眉弓的弧度,如图 6-31 所示。

Step19　执行"网格工具"→"多切割"命令来添加线。调整老虎眼睛的布线如图 6-32 所示。

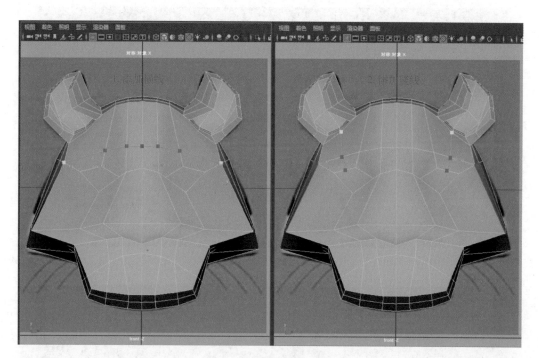

图　6-30

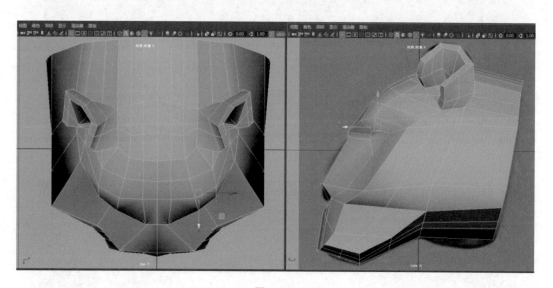

图　6-31

Step20　继续执行"网格工具"→"多切割"命令,在老虎鼻子部分再添加一圈环线,如图 6-33 所示。

Step21　制作老虎的鼻孔:按住 Shift 键的同时右击,选择"切角顶点"命令,宽度设置为 0.45,如图 6-34 所示。

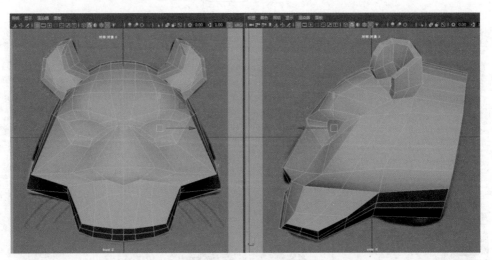

图　6-32

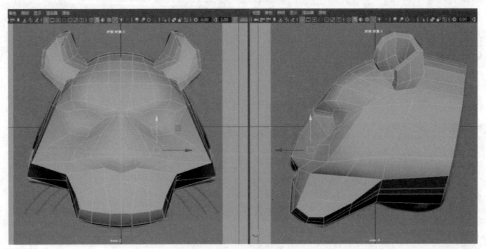

图　6-33

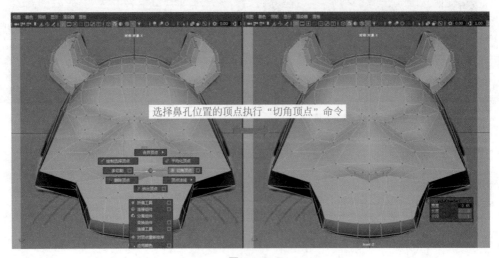

图　6-34

Step22　执行"网格工具"→"多切割"命令，继续添加线，调整鼻孔的布线，如图 6-35 所示。

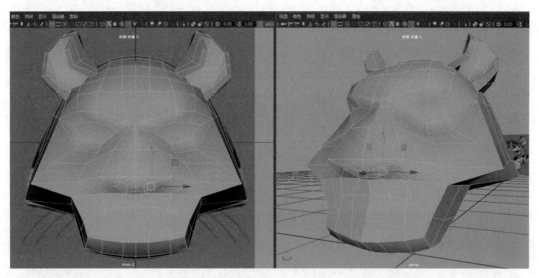

图　6-35

Step23　选择老虎鼻孔的面执行"挤出面"命令，挤出老虎的鼻孔，如图 6-36 所示。

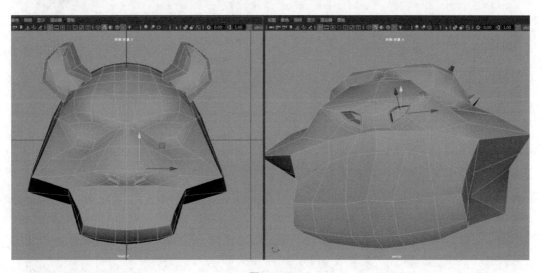

图　6-36

Step24　执行"网格工具"→"多切割"命令，修改老虎鼻子的布线，如图 6-37 所示。

Step25　选择老虎嘴巴的边执行"倒角边"命令，如图 6-38 所示。

Step26　切换到顶点模式，执行建模工具包中的"目标焊接"，对老虎嘴巴多余的点进行焊接，如图 6-39 所示。

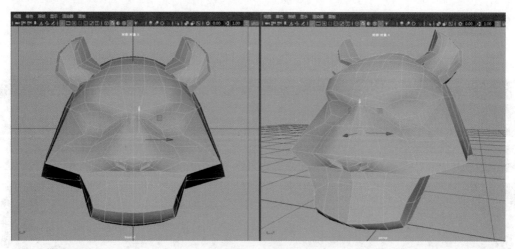

图 6-37

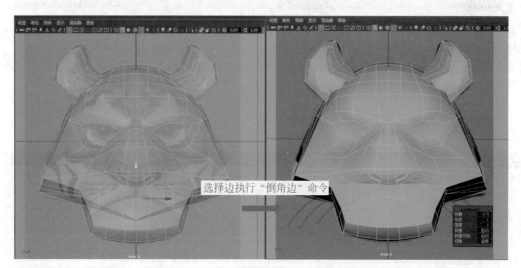

选择边执行"倒角边"命令

图 6-38

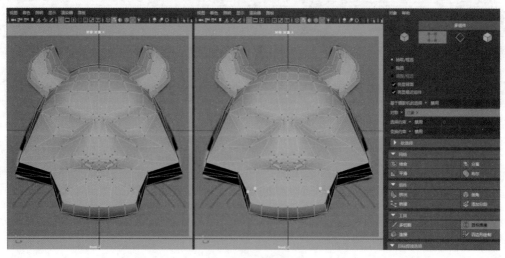

图 6-39

Step27　选择老虎嘴部的面执行"挤出面"命令，挤出老虎的嘴巴，如图 6-40 所示。

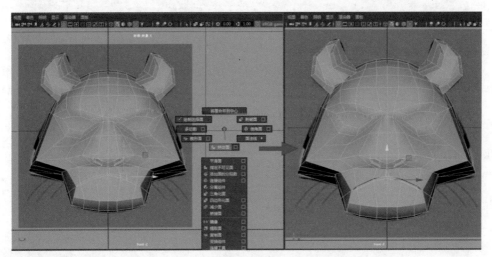

图　6-40

Step28　选择老虎头像模型，右击切换到对象模式，老虎头像模型的基本大形已经制作完成，如图 6-41 所示。接下来需要耐心地进行模型的布线和模型的细致调整。

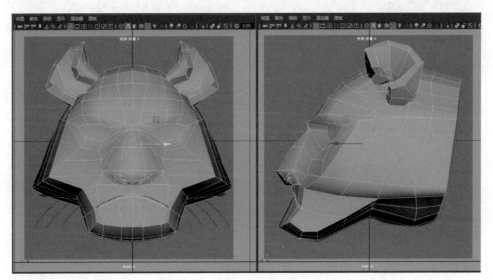

图　6-41

6.1.4　模型的布线与调整

Step1　打开 6.1.3 节保存的老虎头像场景文件，如图 6-42 所示。

Step2　执行"网格工具"→"多切割"命令，进行线的连接，均分老虎头像模型，如图 6-43 所示。

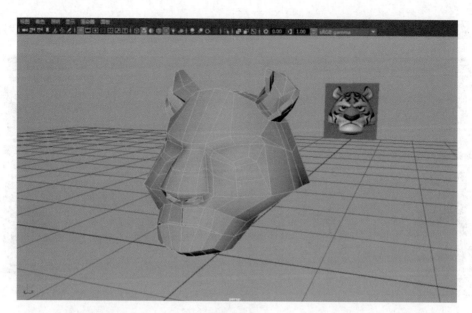

图 6-42

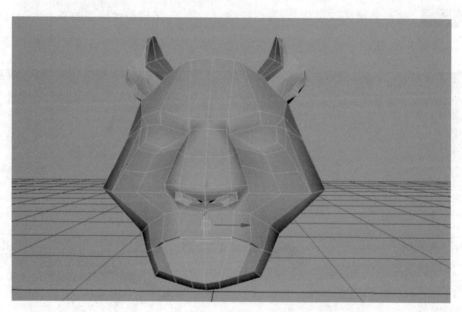

图 6-43

Step3 切换到前视图，框选老虎头像的一半模型进行删除，如图 6-44 所示。

Step4 执行"编辑"→"特殊复制"命令，在"特殊复制选项"对话框中设置"几何体类型"为"实例"，缩放 X 改为−1，然后单击"应用"按钮，如图 6-45 所示。

视频讲解

Step5 老虎眼睛的布线可以参照人类眼睛的环形放射状布线规律进行布线，如图 6-46 所示。详细操作请参看配套的微课视频。

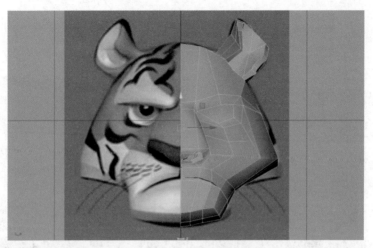

图　6-44

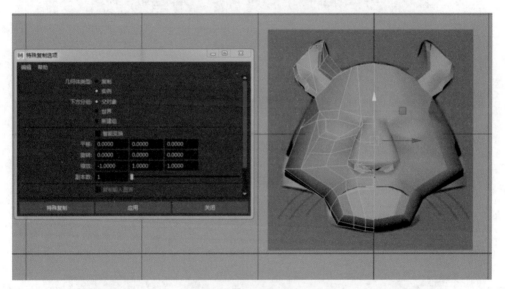

图　6-45

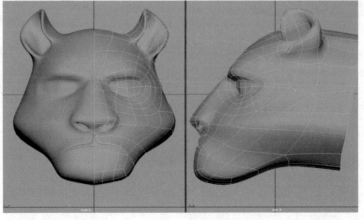

图　6-46

Step6 按照前视图和右视图参考图调整老虎鼻唇沟的线到合适位置,如图 6-47 所示。

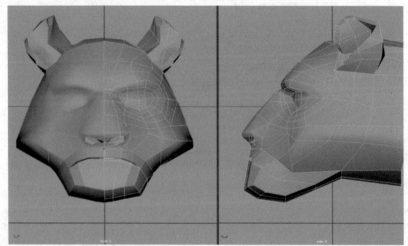

图 6-47

Step7 选择老虎鼻唇沟的线,执行"倒角边"命令,如图 6-48 所示。

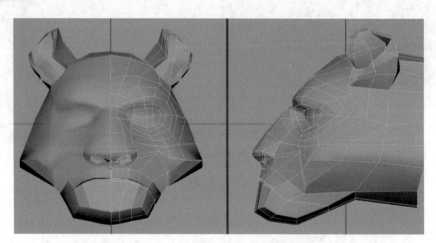

图 6-48

Step8 对照参考图进行老虎下颌部位的布线调整,如图 6-49 所示。详细操作请参看配套的微课视频。

Step9 选择老虎头像模型整体轮廓线,执行"倒角边"命令,主要强化模型的整体轮廓,如图 6-50 所示。

Step10 执行"网格工具"→"多切割"命令,添加一圈循环边,调整老虎鼻子部位的布线,如图 6-51 所示。

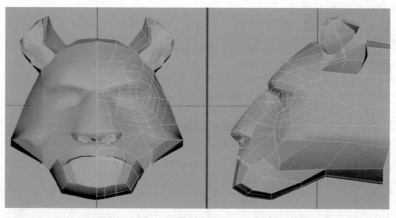

图　6-49

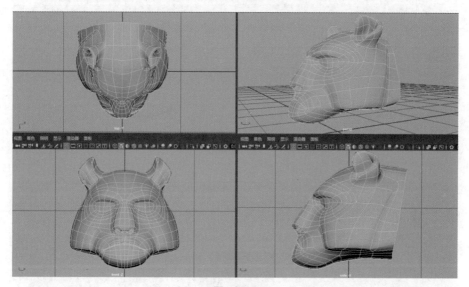

图　6-50

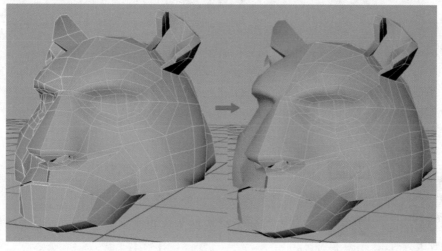

图　6-51

Step11 对照前视图和右视图参考图进行老虎嘴巴部位的布线调整，如图 6-52 所示。详细操作请参看配套的微课视频。

Step12 选择老虎头部模型，执行"网格"→"结合"命令，如图 6-53 所示。

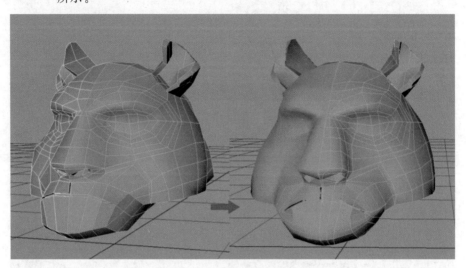

图　6-52

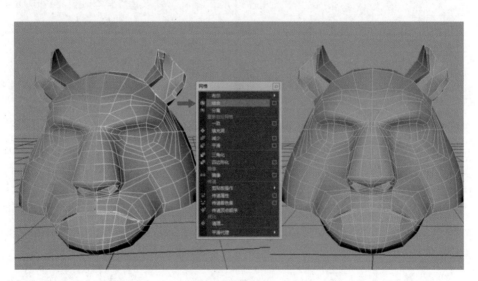

图　6-53

Step13 选择老虎头部模型中线的所有点，执行"编辑网格"→"合并"命令，保证模型的点真正合并在一起，如图 6-54 所示。

Step14 最后可以使用软选择工具和雕刻笔工具对老虎头部模型进行整体修改，如图 6-55 所示。详细操作请参看配套的微课视频。

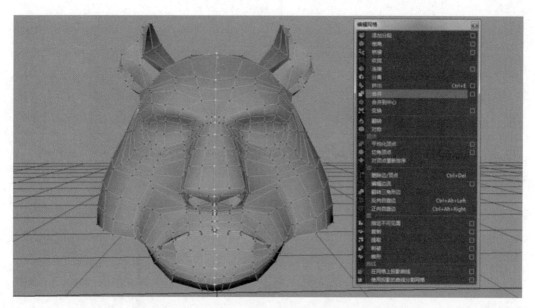

图　6-54

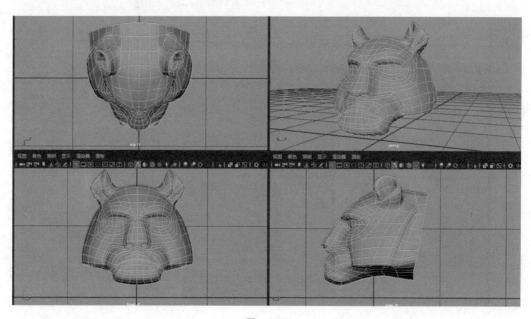

图　6-55

Step15　为老虎头像模型添加材质球并链接贴图，设置灯光，渲染效果如图 6-56
所示。

　　提示　老虎头像模型导出文件类型可以为 OBJ 格式，然后在 ZBrush 软件中进行
模型细分，细致刻画与雕刻老虎头像模型及简单的颜色绘制。

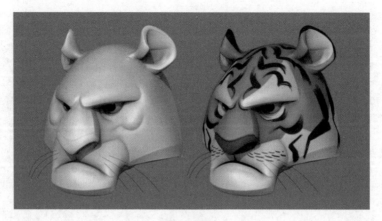

图 6-56

6.2 习 题

（1）应用多边形建模技术练习创建卡通老虎头像模型。

（2）应用多边形建模技术创建本章附赠的卡通角色狐狸尼克模型，如图 6-57 所示。
制作要求：模型拓扑结构合理，尽量用最少的多边形面数来塑造角色。

图 6-57

本章学习目标

- 学习为Q版卡通角色模型合理布线
- 综合应用多边形建模技术制作Q版卡通角色模型
- 熟练掌握Q版卡通角色建模的方法与技巧

　　本章通过Q版角色初音未来建模案例，向读者介绍用多边形建模技术来制作Q版卡通角色模型，学习为Q版角色模型合理布线，重点掌握Q版角色制作流程与方法技巧。通过本章的学习，可以帮助大家掌握Q版卡通角色的制作规范和布线技巧，快速地制作出呆萌可爱的卡通人物角色。

7.1 Q版角色初音未来建模

案例分析

　　"卡通"是英语 cartoon 的音译。cartoon 这个词来源于意大利语,最早指的是报刊上单幅或几幅的讽刺画、幽默画。在现代英语中,cartoon 还可以指 animated cartoon,也就是动画。在现代汉语中,"卡通"往往也有两层含义:一是指漫画,二是指动画电影。

　　卡通作为一种独特的具有独立审美意义的艺术形式,自诞生以来已有百年历史,具有简洁、通俗、幽默、风趣、夸张的艺术特点,如图 7-1 所示。如同笑话、小品、相声等幽默艺术,卡通也是老少皆宜、妇幼喜欢的幽默艺术形式。它对欣赏对象的文化程度要求不高,无论是学龄前的儿童还是成人,都可以从卡通中找到乐趣,其艺术魅力经久不衰。而 Q 版卡通更是卡通创作中浓缩的精品,深受大众的欢迎。

图　7-1

　　接下来我们来了解一下 Q 版卡通的概念。Q 版卡通,通常是角色头部较大、腿短且形象可爱的角色造型,在动画作品中往往展现一种俏皮、可爱的风格。Q 版人物形象的特点是大头小身子,表情丰富,造型可爱。根据头身比例的改变,动画卡通角色可以分为写实卡通角色、半 Q 版角色及 Q 版角色,如图 7-2 所示。

　　半 Q 版角色指的是头身比例在写实与 Q 版之间,一般为 4 头身。半 Q 版角色兼具写实与 Q 版的部分优点,在表演上的灵活性较大,可以表演较为严肃的剧情,也可以表演轻松幼稚的剧情。Q 版角色显得可爱、儿童化,它的头身比例在 2 头身到 5 头身之间,2 头身和 3 头身的角色较多。Q 版角色虽然看起来和普通人有很大的区别,但是却因其简洁、夸张的效果,使它比一般的卡通角色具有更强的艺术生命力。Q 版角色被广泛应用于游戏设定、漫画人物设定、毛绒玩具、吉祥物、真人 Q 像、手办、黏土像等,如图 7-3 所示。

图　7-2

图　7-3

　　制作 Q 版角色时，能让人本能地觉得角色可爱且富有生命力是至关重要的。除了掌握角色头身比例的关系外，最重要、最核心的就是 Q 版角色头部模型的创建。因此，Q 版角色头部的各个部位，如眼睛、鼻子、嘴巴、耳朵和头发等结构及头部的骨骼肌肉分布值得我们深入学习和研究，如图 7-4 所示。

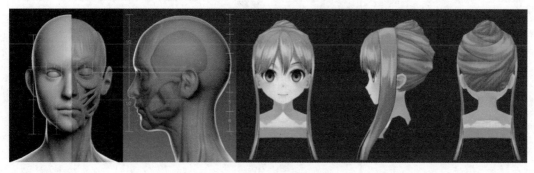

图　7-4

眼睛：角色的生命在于眼睛。每个人的眼睛里面都存在着非常丰富的个性特征，甚至有不少人认为，在识别一个人面孔的时候，只需要轮廓线和眼睛就能大致区分不同的人了。眼睛造型主要由上眼睑、下眼睑、瞳孔、虹膜、泪阜构成，除了大家熟知的外形，还有很多细节值得注意，单眼皮还是双眼皮，睫毛的多少和长短，内眼角的形状，外眼角的皱纹，上眼睑裹住下眼睑，瞳孔的颜色等。在制作 Q 版角色眼睛的时候，与写实角色有所不同，在横向上，请注意"五眼"的关系，女孩子的双眼距离一定要比眼睛本身宽。眼睛造型与布线如图 7-5 所示。

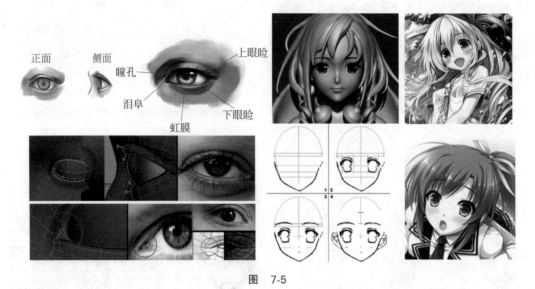

图　7-5

鼻子：虽然在卡通造型中鼻子常常被人忽视，但却有很强的表现力。制作三维鼻子模型时，一定要注意鼻孔是旋转深入的，而不是直接深入。不同的鼻子造型给人不同的感觉，圆圆的大鼻头给人温和的印象，高挺锋利的鹰钩鼻给人神秘和恐怖的感觉，小巧灵秀的鼻子则表现出温柔甜美的女人味，流鼻涕以表现孩子气，鼻子喷大气则表现出愤怒等。各种卡通鼻子造型可参考图 7-6。

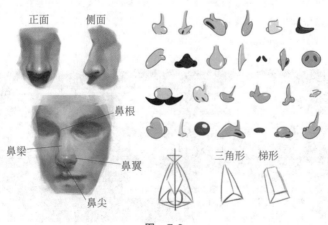

图　7-6

嘴巴：嘴巴是脸部运动范围最大、最富有表情变化的部位。嘴巴是依附于上下颌骨及牙齿构成的半圆柱体，形体呈圆弧状。嘴巴是吞咽和说话的重要器官之一，也是构成面部美感的重要因素之一，可产生丰富的动画表情，形态特别引人注目。嘴巴造型主要由上嘴唇、下嘴唇、人中、嘴角和颏唇沟构成。上下嘴唇分别是两个相对的 W 形，上嘴唇比较长，唇线比较分明，突出于下嘴唇，中央有一个上唇结节线将上嘴唇一分为二。可简单概括为五个面，其中第二个面可以拆分为两个部分，一个多面体和一个球形。嘴巴建模时要按照口轮匝肌的肌肉走势来布线，嘴巴的关系其实也是上下包含的结构，上下嘴唇在嘴角处是旋转进入的。嘴巴造型与布线可参考图 7-7。

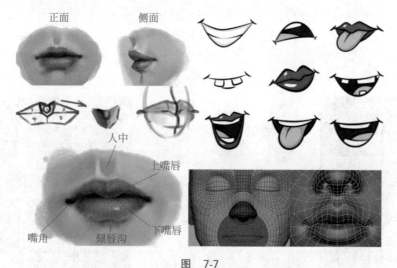

图 7-7

耳朵：耳朵是最难表现出人物个性的部分，而且耳朵动不动就被头发给掩盖住了，但是千万不要忘了耳朵的存在，忽略掉耳朵的话那可就是严重的结构问题了。在制作卡通角色模型时需要了解耳朵的构造和位置，因为夸张和视觉的缘故，Q 版人物的耳朵一般不会太苛求其长的位置，但是通常情况下两个耳朵一定要长在一条线上，千万不要疏忽大意出现高低耳，或者大小不对称的耳朵。耳朵造型与布线可参考图 7-8。

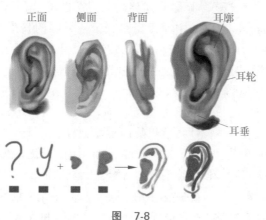

图 7-8

　　头发：身体中最容易变形的部分就是头发。头发可长可短，可披散可编扎，也可以随意上色，只要头盖骨的位置没有问题，不管什么样的发型都不会让人觉得奇怪。所以变形的时候，它就成为确定整体轮廓的一个非常重要的部分。真实的头发应该是有很多层次的，一根一根的，在边缘还有一些比较凌乱的头发，走向也是很多变的。

　　制作头发一直是计算机动画制作中的难点：一种方法是使用雕刻软件 ZBrush 直接雕刻，但是这种方式制作的头发不是一根一根的，头发的大致结构是用块状体积来塑造，在塑造头发时，注意营造这些块状之间的大小对比与叠压关系，另外再雕刻出一些零散的头发，可以显得更加真实、自然。第二种方法使用面片加贴图去实现，可以在边缘产生一定的透明度，在游戏中使用这种方法比较多，因为比较节省面数，但是这种方式也不是最佳的方案。还有一种方法是直接利用三维软件 3ds Max 或者 Maya 的毛发系统生成头发，然后再对头发进行梳理，尽管头发是一根一根的，但是梳理起来比较麻烦，而且不好控制最终效果，如图 7-9 所示。

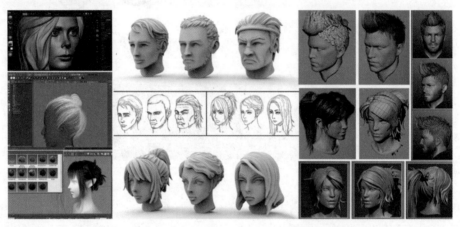

图　7-9

　　从绘画角度来说，男女卡通角色头部结构的共同特征是：眼睛大致位于头部的二分之一处，耳朵的上轮廓与眉毛齐平。不同特征是：男性头部鼻梁较长，眼睛与鼻子的距离较远，男性的下巴较长，因此显得脸部整体比较长；女性下巴较男性的下巴更为圆润一些，五官中眼睛的比例较大，眼睛的中间距离稍大于一只眼的长度，嘴巴在鼻子到下巴的二分之一处，鼻子与嘴巴的距离相对较小，下巴较短，如图 7-10 所示。

　　在制作 Q 版角色模型时，尽可能找一些三视图的 Q 版卡通角色设计稿，方便三维建模参考。对于初学者来说参考资料越详细，制作出来的三维卡通模型效果越好，如图 7-11 所示。

　　制作初音未来这个可爱的 Q 版角色形象之前，先来分析一下这个角色最重要的一些造型特征。Q 版初音未来原画设计角色年龄偏小，脸型特点比较明显，角色从整体上与正常写实角色的比例有所不同，属于 Q 版小萝莉角色，具有 Q 版角色的共同特征：大眼睛、小鼻子、薄嘴唇、小脖子、短下颌、圆脸型、小孩的婴儿肥、萌萌哒等特点，如图 7-12 所示。

　　制作 Q 版角色模型建模技巧：首先，了解掌握 Q 版角色结构的整体造型特征；其次，仔细观察 Q 版角色表面的结构与结构之间连接处的对比形态和细微变化；第三，角色模型后续如果要求骨骼绑定动画，那么模型的布线要求会更加严谨，既要造型准确，又要布线合理。

鼻梁较长，眼睛与鼻子的距离较远

眼睛大致位于头部的1/2处，耳朵的上轮廓与眉毛齐平

男性的下巴较长，因此显得脸部整体比较长

眼睛中间的距离稍大于一只眼的长度

眼睛大致位于头部的1/2处，耳朵的上轮廓与眉毛齐平

嘴巴在鼻子到下巴的1/2处，下巴较短

图　7-10

图　7-11

图　7-12

225

命令应用

多切割工具	创建多边形工具	挤出面命令	挤出边命令
分组命令	复制命令	特殊复制命令	倒角边命令
提取面命令	合并边到中心命令	收拢边命令	合并命令

制作思路

创建项目工程→创建头部→创建头发与发夹→创建耳机→创建衣服→创建胳膊、手掌和腿

案例步骤

7.1.1 创建项目工程

Step1 打开 Maya 软件，首先创建项目工程文件，执行"文件"→"项目"→"项目窗口"命令，打开"项目窗口"对话框，单击"新建"按钮，设置"当前项目"为 Miku，"位置"设置为桌面，然后单击"接受"按钮，如图 7-13 所示。

视频讲解

图 7-13

Step2 项目创建成功后，桌面上会出现一个 Miku 的文件夹，然后选择 Miku 参考图（前视图、右视图和后视图）进行复制、粘贴到桌面 Miku 文件夹的 sourceimages（源图像）文件夹内，如图 7-14 所示。

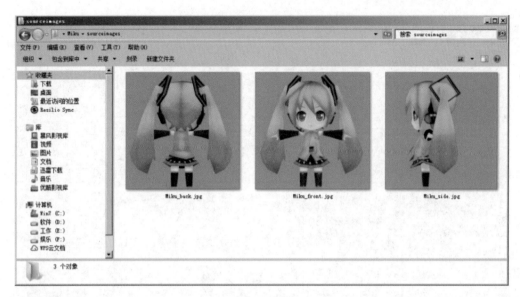

图　7-14

　按下空格键切换到前视图，执行"视图"→"图像平面"→"导入图像"命令，如图 7-15 所示。

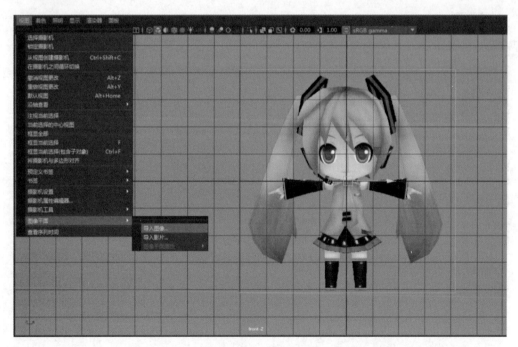

图　7-15

　按下空格键切换到右视图，执行"视图"→"图像平面"→"导入图像"命令，如图 7-16 所示。

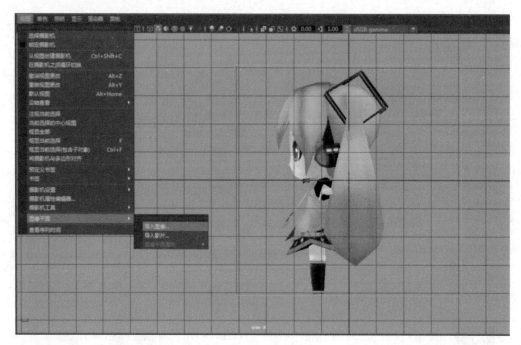

图　7-16

Step5　同时选择两张参考图平移至网格之上，然后分别选择前视图进行 Z 轴负方向移动，侧视图进行 X 轴负方向移动，并添加到图层进行 R 锁定，如图 7-17 所示。

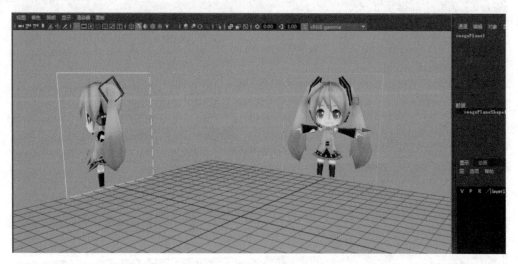

图　7-17

视频讲解

7.1.2　创建头部

Step1　创建头部基本大形：创建立方体，设置宽度为 2.5，高度为 3，深度为 3，如图 7-18 所示。

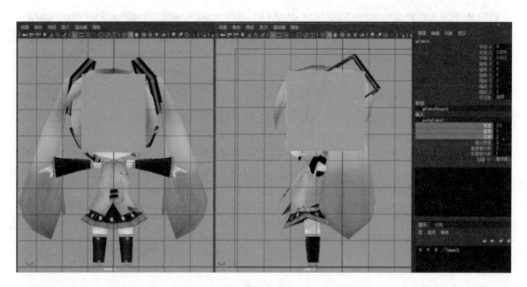

图　7-18

Step2 选择立方体，执行"平滑"命令，前视图和右视图如图 7-19 所示。

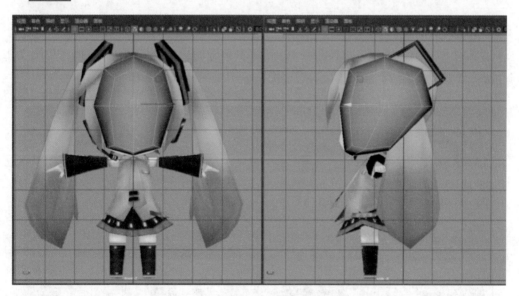

图　7-19

提示　人的头部造型近似一个蛋形，前视图头部造型整体是长方形的，右视图头部造型整体是正方形的，顶视图的头部造型中前边的面部比较窄，后脑部分比较宽。

Step3 选择底部脖子的面，执行两次"挤出面"命令，挤出脖子，选择脖子的底面，按 Delete 删除，如图 7-20 所示。

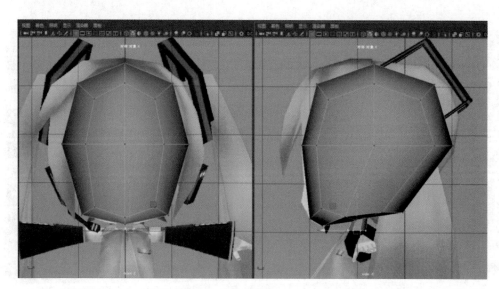

图 7-20

> 提示　调整造型时，建议开启建模工具包中的"对称 X"。

Step4　切换到右视图，开启 X 射线，执行"网格工具"菜单下的"多切割"工具，在眉弓骨位置处和鼻根位置处添加两条环线，确定出鼻子的位置，前视图和右视图如图 7-21 所示。

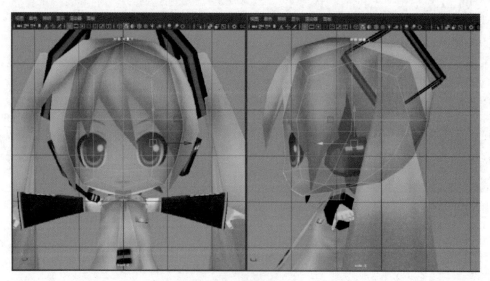

图 7-21

Step5　切换到前视图，执行"网格工具"菜单下的"多切割"工具，在两眼之间位置处添加一条环线，间接确定出鼻子、眼睛和嘴巴的造型，如图 7-22 所示。

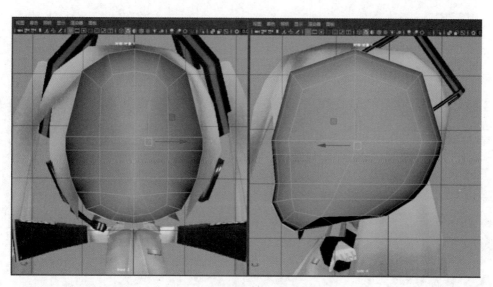

图　7-22

Step6　执行"网格工具"菜单下的"多切割"工具添加环线后,前视图和右视图如图 7-23 所示。

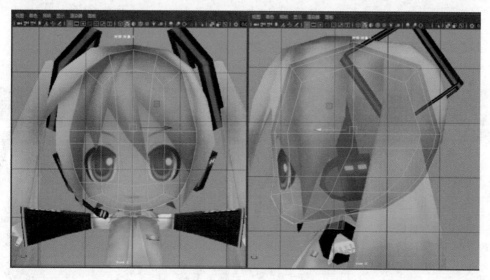

图　7-23

Step7　额头处,执行"网格工具"菜单下的"多切割"工具添加一条环线,前视图和右视图如图 7-24 所示。

Step8　执行"网格工具"菜单下的"多切割"工具添加线,划分出眼睛的轮廓,如图 7-25 所示。

Step9　对照参考图眼睛轮廓调整,前视图和右视图如图 7-26 所示。

Step10 按照眼睛的眼轮匝肌进行眼睛的环状布线，前视图和右视图如图 7-27
所示。

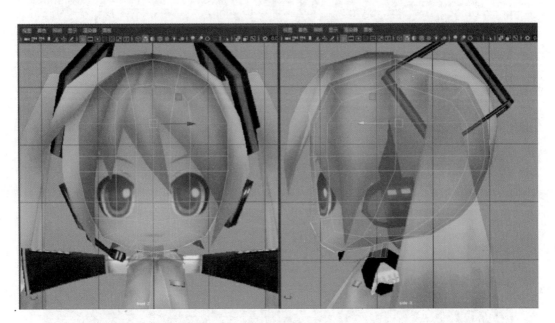

图 7-24

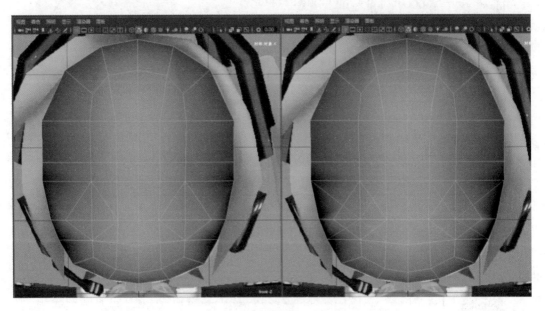

图 7-25

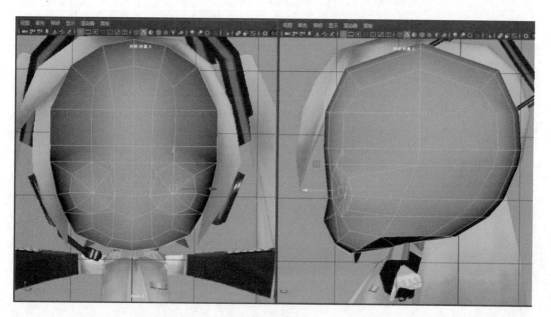

图　7-26

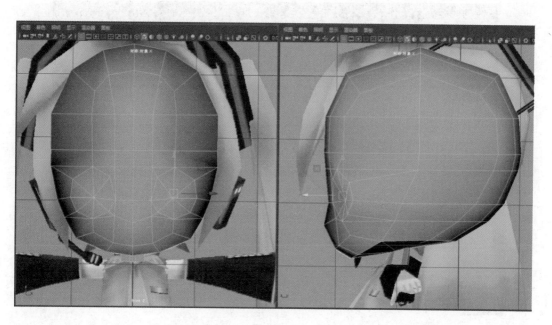

图　7-27

Step11 调整头部布线，执行"网格工具"菜单下的"多切割"工具添加线连接到头顶，如图 7-28 所示。

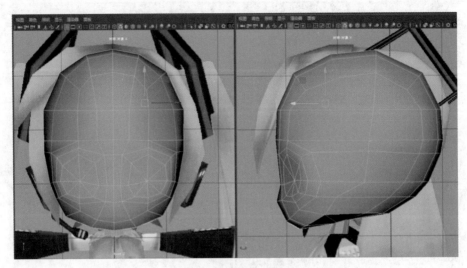

图 7-28

Step12 分别选择边，按下 Shift 键的同时右击，执行"合并/收拢边"→"合并边到中心"命令，按 G 键重复上次命令操作，如图 7-29 所示。

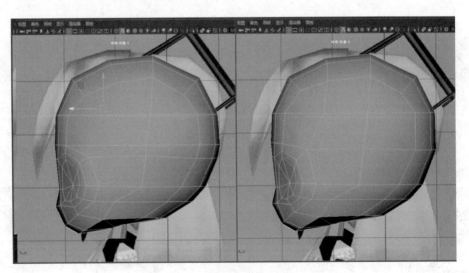

图 7-29

Step13 继续执行"网格工具"菜单下的"多切割"工具添加线，确定出嘴巴轮廓线，然后调整嘴巴布线，如图 7-30 所示。

提示 丰富嘴唇的布线，使其按照嘴轮匝肌的结构走线，上唇略突出于下唇。

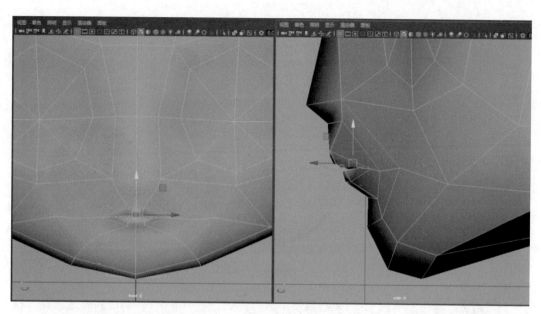

图　7-30

Step14　在鼻子和嘴巴上执行"网格工具"菜单下的"多切割"工具添加线,调整出鼻子和嘴巴的造型,如图 7-31 所示。

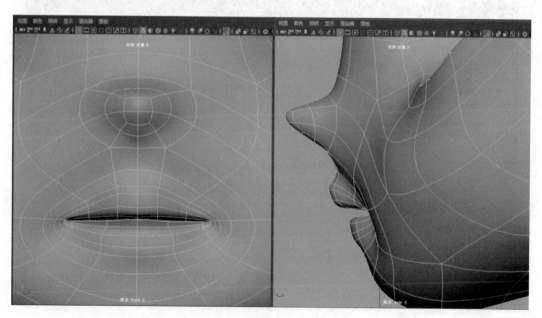

图　7-31

Step15　制作眼球:创建一个多边形球体,旋转 X 为 90,设置轴向细分数为 12,高度细分数为 8,然后赋予一个 lambert 材质球,再在 lambert 材质球颜色属性上链接贴图作为眼球,如图 7-32 所示。

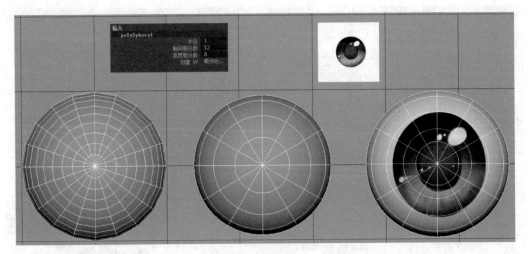

图　7-32

Step16　调整眼球的大小，通过调整一只眼球的位置与方向，移动放到合适位置并执行"复制"命令，镜像复制得到另外一只眼球，然后执行"网格工具"菜单下的"多切割"工具添加环线，做出上下眼睑，如图7-33所示。

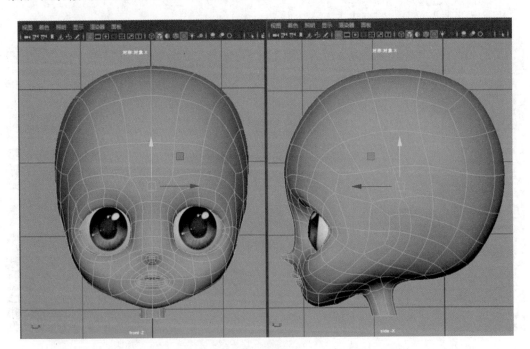

图　7-33

Step17　本案例角色的耳朵实际是被耳机遮盖住了，这里也需要制作出耳朵，选择耳朵位置的四个面执行"挤出"命令，挤出耳朵，然后执行"网格工具"菜单下的"多切割"工具添加环线，如图7-34所示。

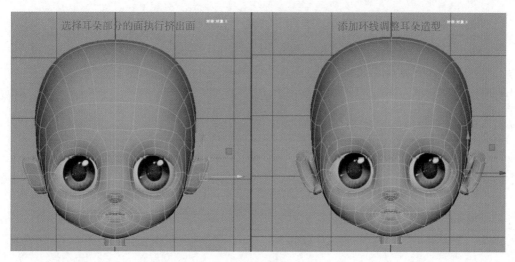

图　　7-34

Step18　前视图和右视图调整耳朵造型，如图 7-35 所示。

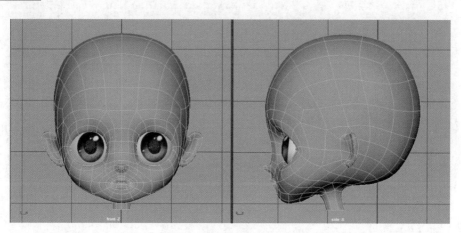

图　　7-35

　Step19　用多边形立方体制作眉毛与眼线模型，移动并放到合适位置，选择眉毛与眼线模型，执行"编辑"→"分组"命令，然后选择眉毛与眼线模型组再执行"复制"命令，镜像复制得到另外一侧眉毛与眼线模型，如图 7-36 所示。

　Step20　制作卡通眼睫毛：选择上眼睑与下眼睑的一部分面，执行"复制面"命令，如图 7-37 所示。

　Step21　眼睫毛调整好后，执行"编辑"→"分组"命令，然后再选择眼睫毛模型组，执行"镜像复制"命令，即可得到另外一边眼睫毛模型。眼睫毛调整前视图和右视图如图 7-38 所示。

　Step22　头部造型完成，前视图、右视图、顶视图和透视图布线参考如图 7-39 所示。

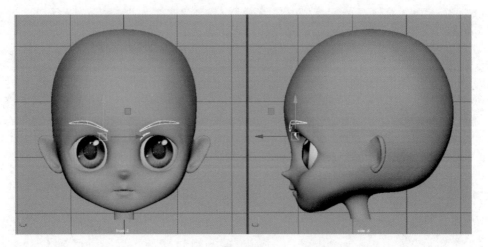

图　7-36

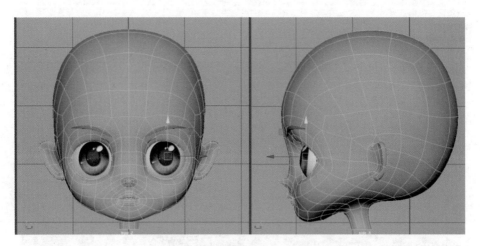

图　7-37

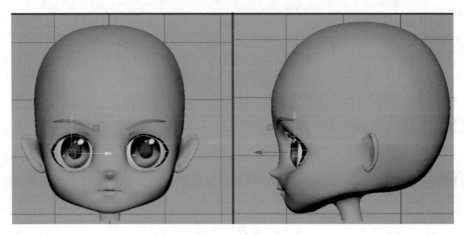

图　7-38

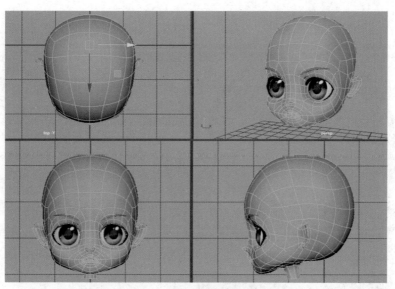

图　7-39

> 提示　孩子和大人脸型的区别(角色年纪越小,特点越明显):
>
> (1) 小孩子的额头都很大,而他们脸的长度在整个头中所占比例要小很多,脸很宽、很短,鼻子很短。
>
> (2) 小孩子的眼睛都很大,眼眶几乎没有,因此,眉骨、颧骨完全看不到。
>
> (3) 小孩子的下颌骨没有棱角,而且很短、很平。

7.1.3　创建头发与发夹

视频讲解

Step1　制作额头前的刘海:建立一个多边形面片,进行布线,调整形状如图 7-40 所示。

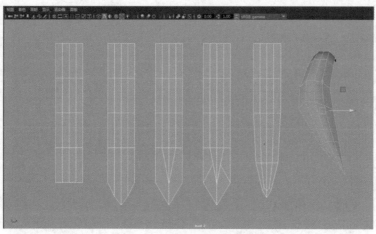

图　7-40

Step2 对照前视图和右视图进行头发调整，如图 7-41 所示。

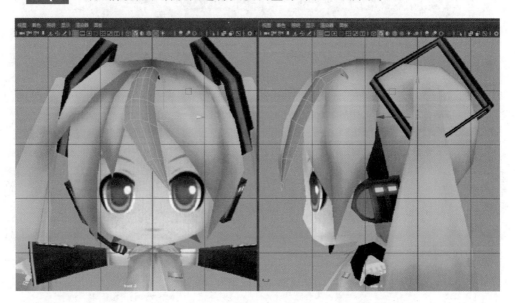

图　7-41

Step3 选择创建好的刘海头发模型，分别执行"复制"命令，调整得到其他刘海头发模型，如图 7-42 所示。

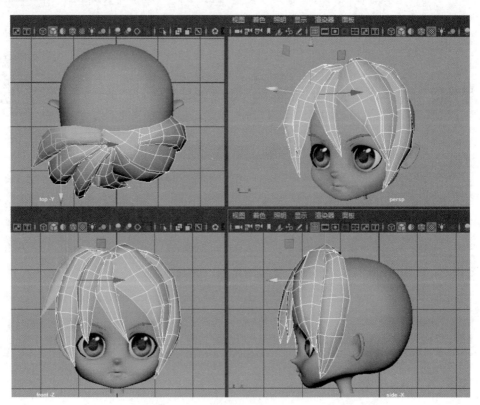

图　7-42

提示　创建刘海头发模型，可以到顶视图调整刘海的前后层次关系。

Step4　制作后脑勺的头发：切换到右视图，选择后脑勺部分的面执行"提取面"命令，如图 7-43 所示。

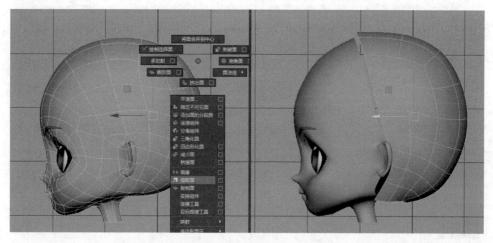

图　7-43

Step5　双击选择后脑勺前面的边，执行"挤出边"命令，使用"网格工具"菜单下的"多切割"工具添加线来划分出发际线，如图 7-44 所示。

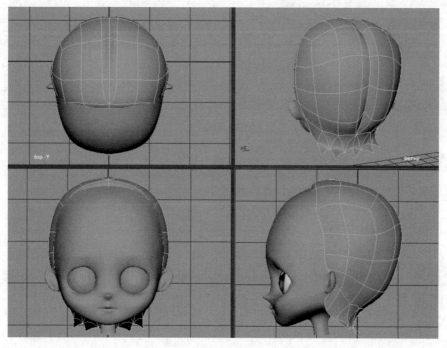

图　7-44

Step6 制作头部两侧的长发：创建立方体，先进行旋转，调整其大小，选择底部的面执行"挤出面"命令，选择两侧的边执行"挤出边"命令，然后执行"收拢边"命令，最后进行模型精确调整，如图7-45所示。

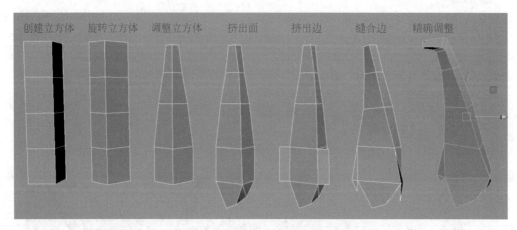

图 7-45

Step7 制作发夹：创建立方体，删除两边的面，添加中线。选择中线执行"倒角边"命令，选择中间的面执行"挤出"命令，接着对其进行缩放调整，然后选择两侧的边执行"挤出边"命令，最后选择挤出的边执行"合并"命令，并删除最里面的边，操作步骤如图7-46所示。

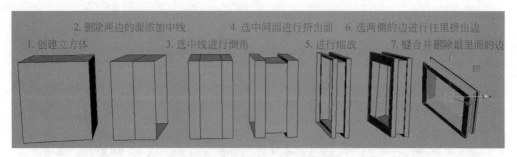

图 7-46

Step8 选择长发和发夹模型，执行"编辑"→"分组"命令，然后选择长发和发夹模型组，执行"编辑"→"特殊复制"命令，设置缩放X为-1，然后单击"应用"按钮，如图7-47所示。

7.1.4 创建耳机

视频讲解

Step1 切换到右视图，执行"网格工具"→"创建多边形"工具，绘制耳机形状，选择面执行"挤出"命令，接着执行"多切割"工具添加线，然后调整出耳机的厚度。选择耳机要凹进去的面，分别执行"挤出面"命令，然后框

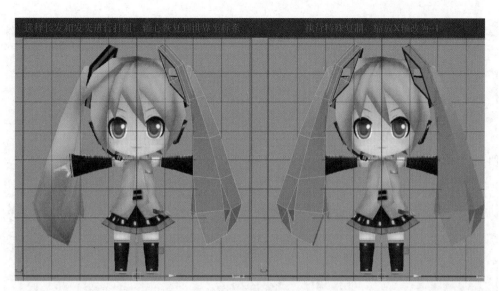

图　7-47

选模型所有边,执行"倒角边"命令,主要对耳机模型进行卡边处理,最后选择耳机模型上端的面执行"挤出面"命令,挤出耳机的头带模型,操作步骤如图 7-48 所示。

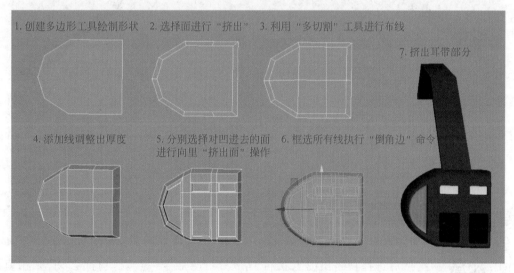

图　7-48

Step2　选择一半耳机模型,执行"编辑"→"分组"命令,轴心恢复到世界坐标系,然后执行"编辑"→"特殊复制"命令,设置缩放 X 为－1,然后单击"应用"按钮,如图 7-49 所示。

Step3　制作麦克风:创建立方体,分别选择边进行缩放调整,然后分别选择面进行旋转调整,再执行"挤出面"命令,挤出话筒,最后进行调整细节。制作步骤如图 7-50所示。

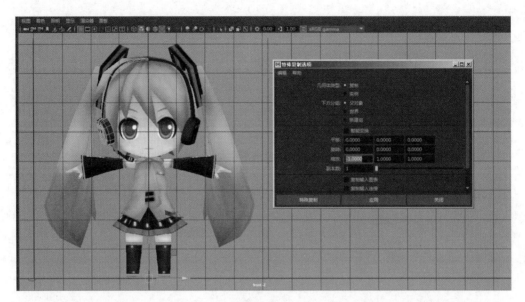

图　7-49

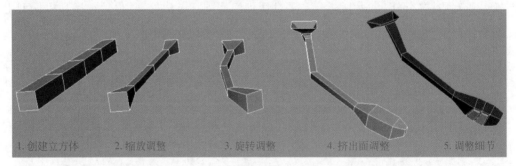

1.创建立方体　　　　2.缩放调整　　　　3.旋转调整　　　　4.挤出面调整　　　　5.调整细节

图　7-50

7.1.5　创建衣服

视频讲解

Step1　　制作上衣：创建多边形圆柱体，设置半径为0.6，高度为2，轴向细分数为8，高度细分数为4。选择上衣顶部的点，执行"挤出顶点"命令，然后选择被挤出的点执行"切角顶点"命令。接着执行"多切割"工具在胸部和上衣的底部加线，分别对其调整布线。选择领口的环边执行"挤出边"命令，最后调整领口的造型。制作步骤如图7-51所示。

Step2　　制作短裙：创建多边形圆柱体，选择圆柱体顶部的面删除，底部面保留，然后参照前视图和右视图调整短裙造型，如图7-52所示。详细操作请参看配套的微课视频。

Step3　　制作飘带：在上衣和短裙之间创建多边形平面，然后对平面执行"挤出"命令，操作多次即可得到衣服飘带。上衣和短裙整体效果如图7-53所示。

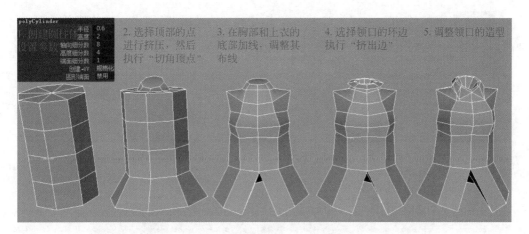

图　7-51

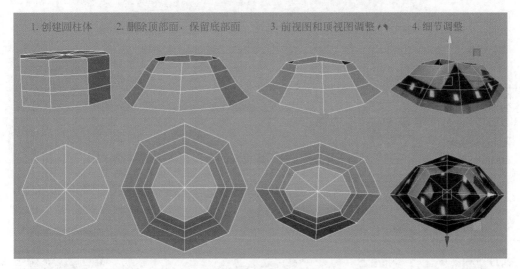

图　7-52

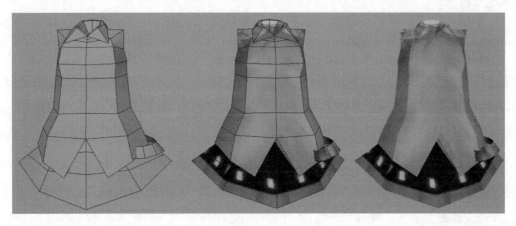

图　7-53

Step4　制作领带：创建多边形立方体，调整立方体形状，选择立方体底部的面执行"挤出面"命令，最后添加细节。完成效果如图 7-54 所示。

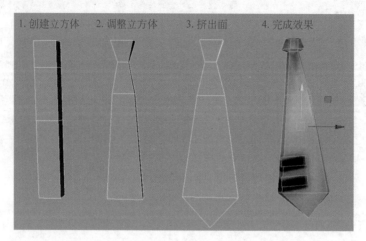

图　7-54

7.1.6　创建胳膊、手掌与腿

视频讲解

Step1　制作胳膊：创建多边形圆柱体，设置轴向细分数为 8，高度细分数为 3，调整形状，注意肩部、肘部和腕部的布线至少有 3 根线，如图 7-55 所示。

图　7-55

Step2　制作手掌：通常为了节省项目制作时间，可直接调用 Maya 内容浏览器里面自带的手模型，执行"窗口"→"常规编辑器"→"内容浏览器"命令，在弹出的"内容浏览器"选项中，选择 Examples→Modling（建模）→Sculpting_Base_Meshes（雕刻_基本_网格）→Bipeds（两足动物），即第一排中第二个竖着的手掌模型，右击选择"导入"即可，如图 7-56 所示。

Step3　手掌模型导入场景后进行缩放、旋转并删除多余部分的面，如图 7-57 所示。

Step4　制作腿部模型：创建多边形圆柱，设置轴向细分数为 6，执行"多切割"工具在膝关节位置和脚部位置添加环线，选择脚部的面执行"挤出面"挤出脚部模型，然后调整布线，如图 7-58 所示。

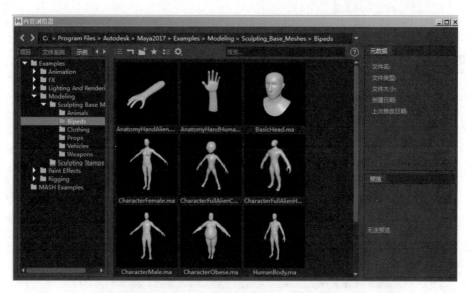

图 7-56

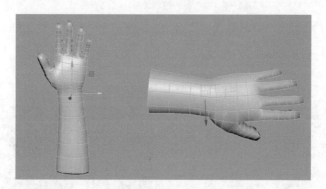

图 7-57

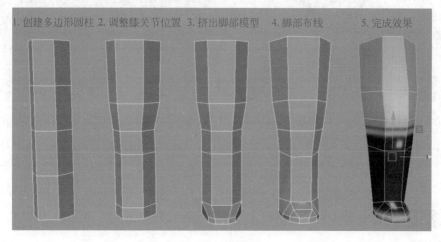

图 7-58

1.创建多边形圆柱 2.调整膝关节位置 3.挤出脚部模型 4.脚部布线 5.完成效果

> **提示** 注意腿部膝盖关节的布线，关节处至少三根线。

Step5 选择胳膊、手掌和腿部模型，执行"编辑"→"分组"命令，如图 7-59 所示。

图 7-59

Step6 执行"编辑"→"特殊复制"命令，设置缩放 X 为－1，副本数为 7，然后单击"应用"按钮，如图 7-60 所示。

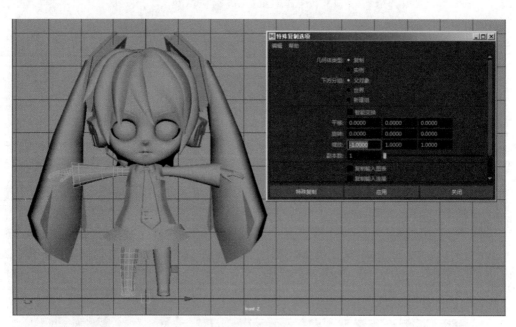

图 7-60

Step7 Q 版初音未来角色模型 4 个视图线框效果如图 7-61 所示。

Step8 Q 版初音未来角色模型 AO 效果如图 7-62 所示。

Step9 Q 版初音未来角色模型材质贴图灯光渲染效果如图 7-63 所示。

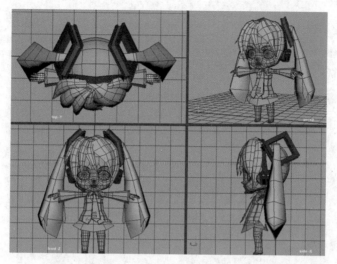

图　7-61

图　7-62

图　7-63

7.2　习　　题

（1）应用多边形建模技术练习创建 Q 版初音未来角色模型。

（2）应用多边形建模技术创建本章附赠的 Q 版卡通角色模型三视图。如图 7-64 所示，要求熟练掌握 Q 版卡通角色建模方法与建模技巧。

图　7-64

第 8 章

Chapter 08 [Maya游戏角色建模]

本章学习目标

- 学习如何为游戏角色模型合理布线
- 综合应用多边形建模技术制作游戏角色模型
- 熟练掌握游戏角色建模的方法与技巧

本章通过网易手游阴阳师晴明角色建模案例，向读者介绍用多边形高级建模技术来制作晴明角色模型，学习如何为游戏角色模型合理布线，重点掌握游戏角色建模的方法与技巧。

8.1　阴阳师晴明角色建模

《阴阳师》是由网易游戏公司自主研发的三维唯美日式和风 RPG（角色扮演游戏）手游，是网易国际战略布局中的重要产品之一。该游戏以日本家喻户晓的阴阳师 IP 为背景，沿用经典人设，讲述在人鬼共生的平安时代，阴阳师安倍晴明游走阴阳两界探寻自身记忆的故事。唯美极致的画风，经典细腻的人设，跌宕丰富的剧情，经典与创新的多样玩法，在游戏中可以体验到古朴神秘的魅力京都。

作为游戏主角的安倍晴明（后简称晴明），如图 8-1 所示。他是平安时代强大的阴阳师，性格冷峻，拥有忠诚的守护式神——小白，并先后认识了神乐、源博雅和八百比丘尼三位伙伴。晴明不论从外表还是气质都是无与伦比的，整体来说是比较全面的辅助阴阳师。

图　8-1

【专业术语】

RPG 即 Role-Playing Game（角色扮演游戏），是由玩家扮演游戏中的一个或数个角色，拥有完整故事情节的游戏。玩家可能会将其与冒险类游戏混淆，其实区分很简单，RPG 游戏更强调的是剧情发展和个人体验。一般来说，RPG 分为日式和美式两种，主要区别在于文化背景和战斗方式。日式 RPG 多采用回合制或半即时制战斗，如《阴阳师》《最终幻想》系列，大多国产中文 RPG 也可归为日式 RPG，如《仙剑》《剑侠》等。美式 RPG，如《暗黑破坏神》《龙与地下城》《无冬之夜》《异城镇魂曲》《冰风谷》《博德之门》等。

晴明角色整体看上去比较复杂，其实模型制作起来并不是想象中那么困难。通过参考图分析得出模型是左右对称的，故只需创建一半模型即可。可以采用第 1 章讲解的先局部再整体的建模思路，把角色分解成躯干（衣服、挂饰、前摆、后摆）、头部（面部、帽子、头发、发套）、上肢（胳膊与手掌）、下肢（裤子与鞋子）几部分分别进行制作，如图 8-2 所示。

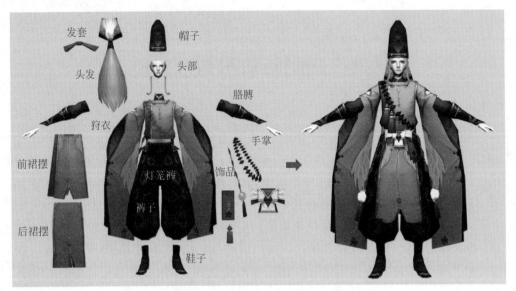

图 8-2

命令应用

多切割工具	创建多边形工具	挤出边命令	挤出面命令
复制命令	特殊复制命令	平滑命令	分组命令
切角顶点命令	结合命令	合并命令	居中枢轴命令
冻结变换命令	连接到运动路径命令	动画快照命令	

制作思路

创建项目工程→设置参考图→创建狩衣与裙摆→创建裤子与鞋子→创建饰品→创建
胳膊与手掌→创建头部→创建头发与发套→创建帽子

案例步骤

8.1.1　创建项目工程

视频讲解

Step1　打开 Maya 软件，首先创建项目工程文件，执行"文件"→"项目"→"项目窗口"命令，打开"项目窗口"对话框，单击"新建"按钮，设置"当前项目"为 Game_QM，"位置"设置为桌面，然后单击"接受"按钮，如图 8-3 所示。

Step2　项目创建成功后，桌面会出现一个 Game_QM 的文件夹，然后选择 QM 参考图（前视图、左视图和后视图）进行复制、粘贴到桌面 Game_QM 文件夹的 sourceimages（源图像文件）文件夹内，如图 8-4 所示。

图　8-3

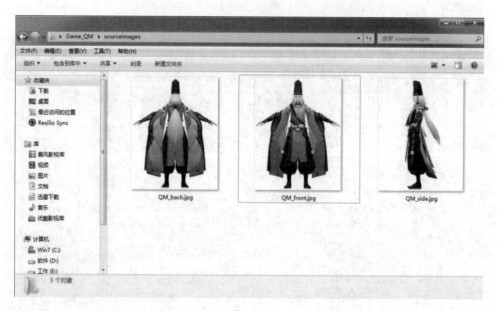

图　8-4

8.1.2　设置参考图

视频讲解

Step1　按住空格键切换到前视图,执行"创建"→"多边形基本体"→"平面"命令,在"多边形平面选项"中设置宽度细分数为1,高度细分数为1,轴选择为 Z,如图 8-5 所示。

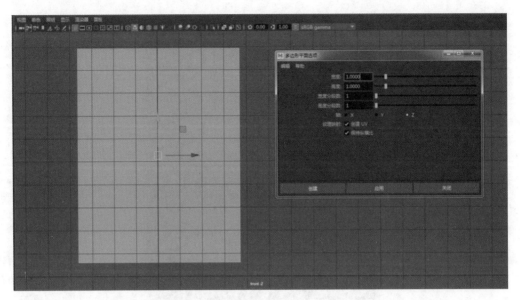

图 8-5

Step2 选择前视图的平面,给其链接一个新的 lambert2 材质球,如图 8-6 所示。

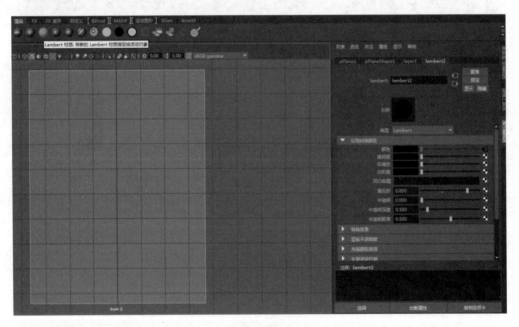

图 8-6

Step3 在 lambert2 材质球的颜色属性后单击链接前视图参考图,如图 8-7 所示。

Step4 选择平面模型,执行"UV"→"平面"命令,在"平面映射选项"中设置"投射源"为 Z 轴,单击"应用"按钮,如图 8-8 所示,主要是为了防止链接的贴图有拉伸现象。

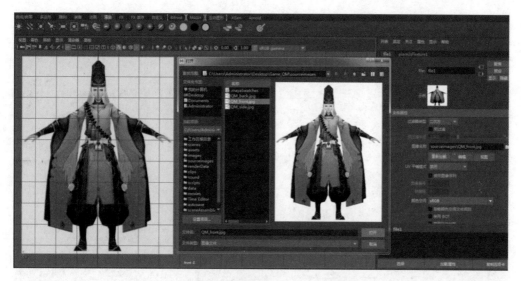

图　8-7

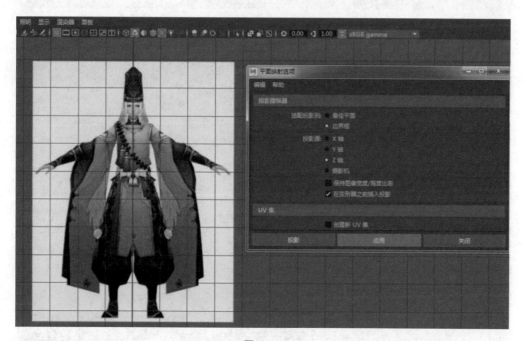

图　8-8

Step5　按住空格键切换到右视图,执行"创建"→"多边形基本体"→"平面"命令,在"多边形平面选项"中设置宽度细分数为1,高度细分数为1,轴选择为X,如图8-9所示。

Step6　选择右视图的平面,给其链接一个新的lambert3材质球,如图8-10所示。

Step7　在lambert3材质球的颜色属性后单击链接侧视图参考图,如图8-11所示。

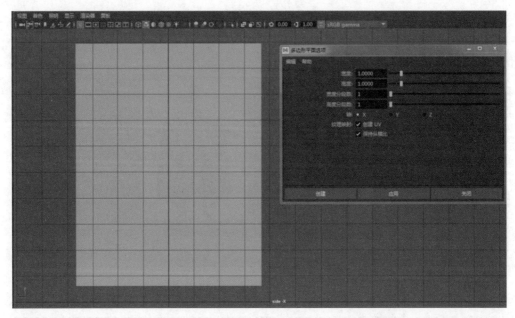

图 8-9

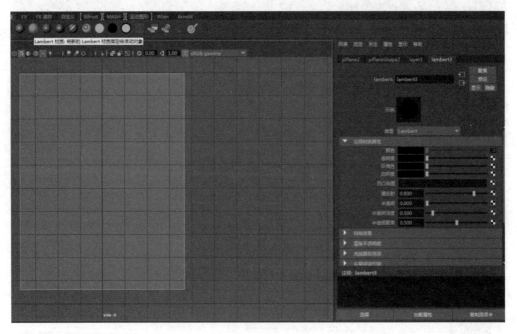

图 8-10

Step8 选择平面模型，执行 UV→"平面"命令，在"平面映射选项"中设置"投射源"为 X 轴，单击"应用"按钮，如图 8-12 所示。

Step9 调整参考图放置在网格边缘，然后选中放入图层进行 R 渲染锁定，如图 8-13 所示。

图　8-11

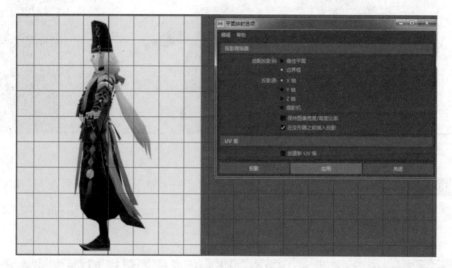

图　8-12

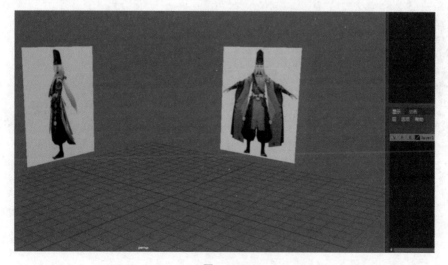

图　8-13

视频讲解

8.1.3　创建狩衣与裙摆

Step1　创建一个多边形立方体，设置高度为2，细分宽度为2，高度细分数为4，深度细分数为2，如图8-14所示。

图　8-14

Step2　删除多边形一半模型，然后执行"编辑"→"特殊复制"命令，在"特殊复制选项"对话框中，设置"几何体类型"为"实例"，缩放X为−1，然后单击"应用"按钮，如图8-15所示。

图　8-15

Step3　修改狩衣的造型，前视图和右视图如图 8-16 所示。

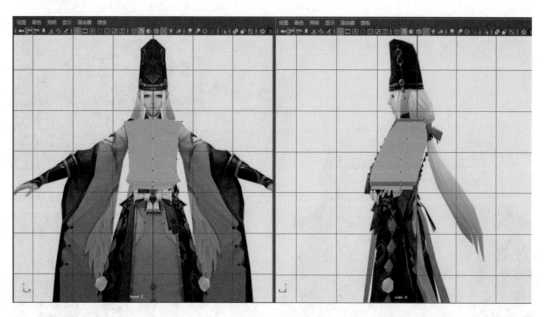

图　8-16

Step4　执行"编辑网格"→"挤出"命令，挤出领口和提取内衣并调整，如图 8-17 所示。详细操作请参看配套的微课视频。

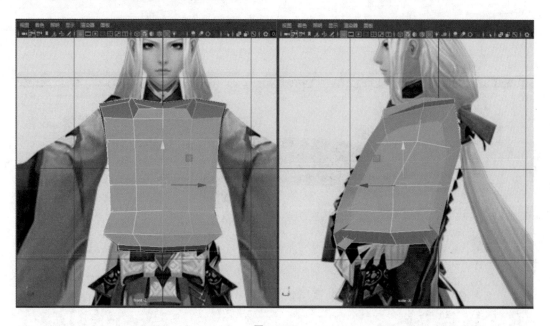

图　8-17

Step5 创建多边形圆柱体，设置半径为 0.5，高度为 0.3，轴向细分数为 12，端面细分数为 0，如图 8-18 所示。

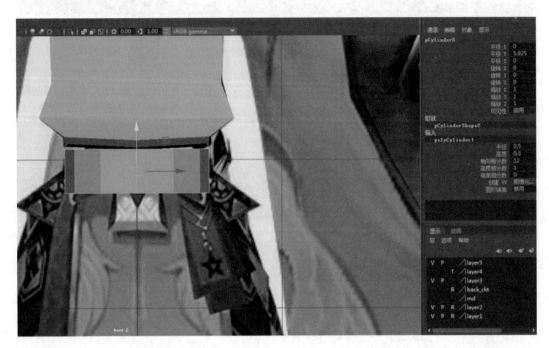

图 8-18

Step6 单击"隔离选择"图标，进入面级别，删除圆柱体的上下两个面，如图 8-19 所示。

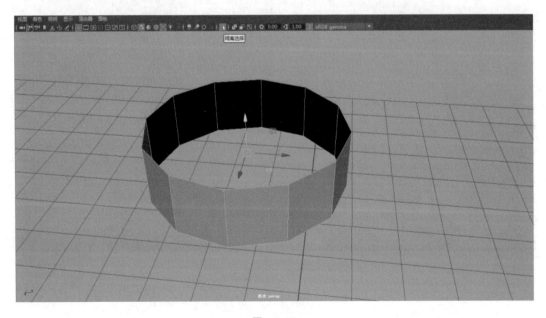

图 8-19

Step7　选择圆柱底端的边，执行"挤出边"命令，如图 8-20 所示。

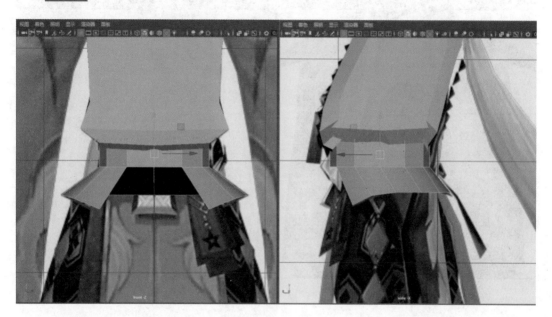

图　8-20

Step8　选择圆柱前面的边，执行"挤出边"命令，挤出前裙摆模型，如图 8-21 所示。

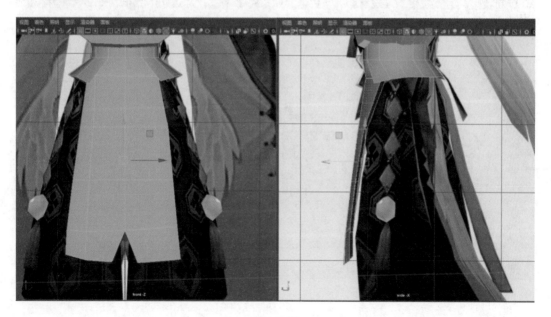

图　8-21

Step9　选择圆柱后面的边，参照右视图和后视图执行"挤出边"命令，挤出后裙摆模型，如图 8-22 所示。

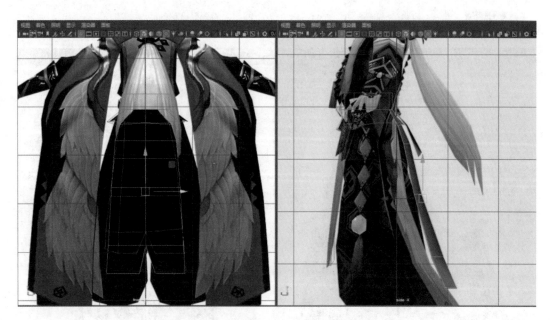

图 8-22

Step10 选择内衣模型，执行"切角顶点"命令，如图 8-23 所示。

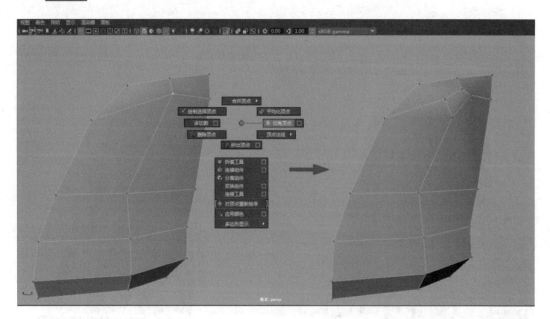

图 8-23

Step11 选择内衣袖口位置处的面，执行"挤出面"命令，调整制作狩衣袖口，如图 8-24 所示。

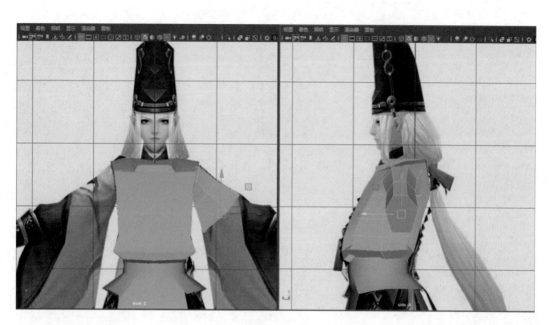

图　8-24

Step12　继续制作狩衣袖口：执行多次"挤出边"命令，并对狩衣袖口模型进行布线调整，如图 8-25 所示。详细操作请参看配套的微课视频。

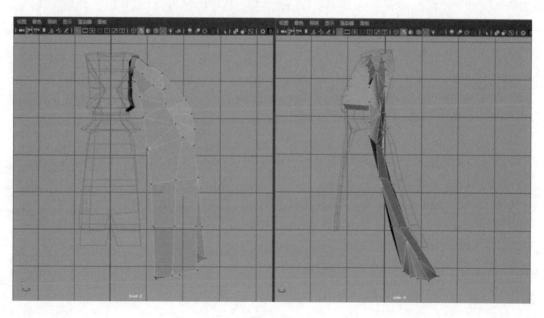

图　8-25

Step13　选择内衣和袖口模型，执行"编辑"→"分组"命令，如图 8-26 所示。

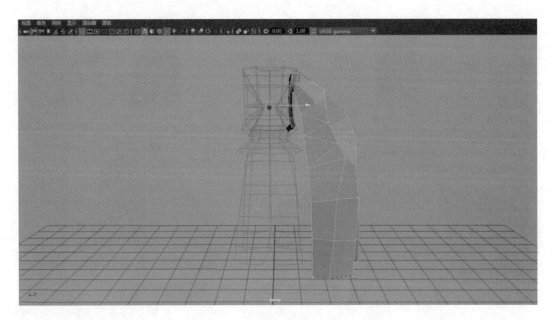

图 8-26

Step14 按 Ctrl＋D 快捷键执行"复制"命令,设置缩放 X 为－1,得到另外一半模型,如图 8-27 所示。

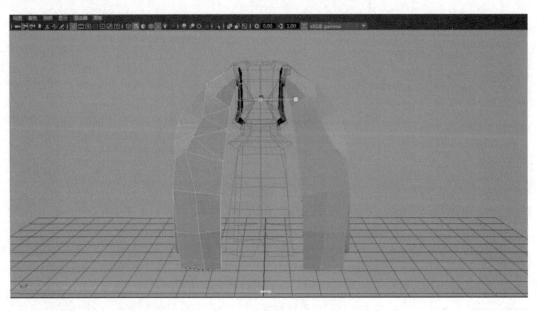

图 8-27

Step15 选择上衣模型,执行"网格"→"结合"命令,再选择中间点,执行"编辑网格"→"合并"命令,缝合模型中间的所有点,如图 8-28 所示。

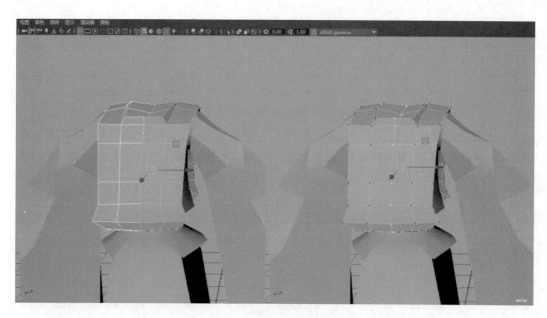

图　8-28

Step16 选择上衣上边的面，执行"编辑网格"→"挤出"命令，挤出狩衣领口，如图 8-29 所示。

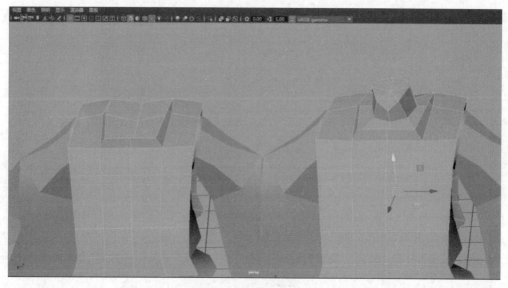

图　8-29

8.1.4　创建裤子与鞋子

Step1 制作裤子模型：创建多边形圆柱体，设置半径为 0.6，高度为 3.6，轴向细分数为 6，高度细分数为 3，如图 8-30 所示。

视频讲解

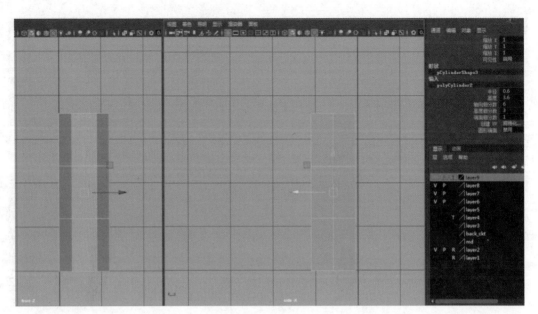

图 8-30

Step2 在前视图与左视图调整裤子的形状，并在裤子膝盖关节位置处进行合理布线，如图 8-31 所示。详细操作请参看配套的微课视频。

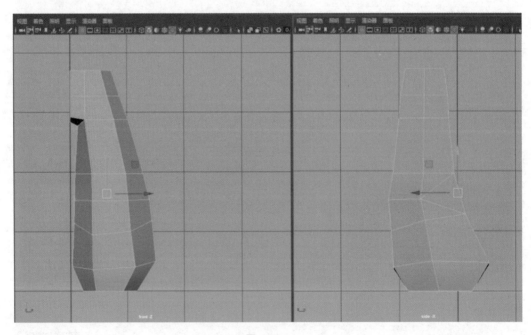

图 8-31

Step3 选择裤子底部的面，执行"编辑网格"→"挤出"命令，挤出鞋子的造型，布线调整如图 8-32 所示。详细操作请参看配套的微课视频。

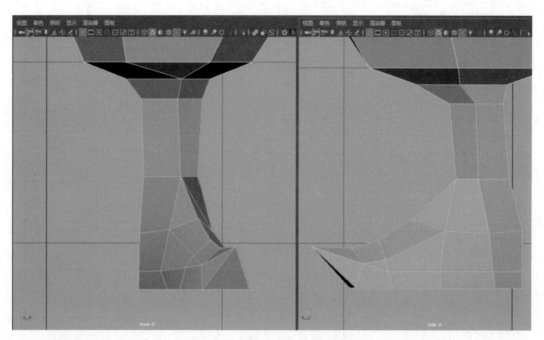

图　8-32

Step4　选择裤子和鞋子模型，按 Ctrl+G 快捷键执行"分组"操作，如图 8-33 所示。

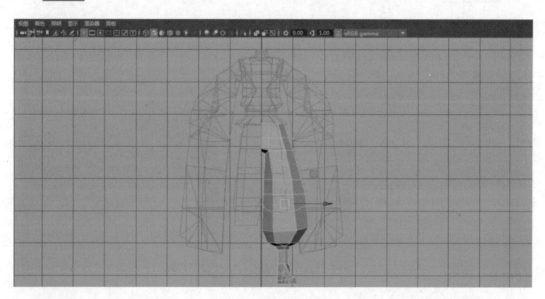

图　8-33

Step5　按 Insert 键，组的轴心被激活，然后按 X 键吸附，把组的轴心吸附至世界坐标系，最后按 Insert 键结束操作，如图 8-34 所示。

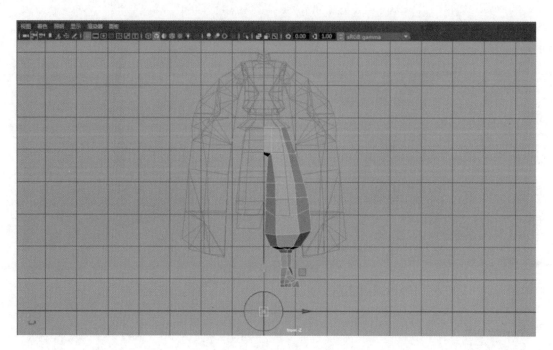

图　8-34

Step6　按Ctrl＋D快捷键执行"复制"操作，设置缩放X为－1，得到另外一半模型，如图8-35所示。

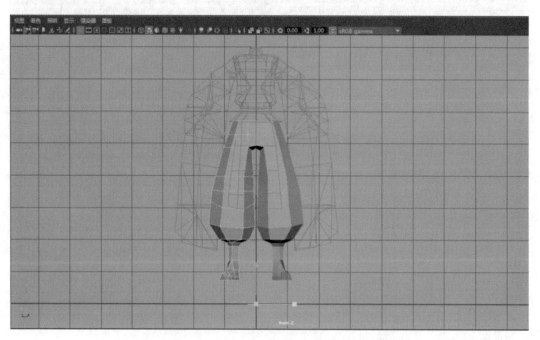

图　8-35

Step7　选择裤子模型,先执行"网格"→"结合"命令,再框选中间所有的点,执行"编辑网格"→"合并"命令,缝合裤子模型中间的点,如图 8-36 所示。

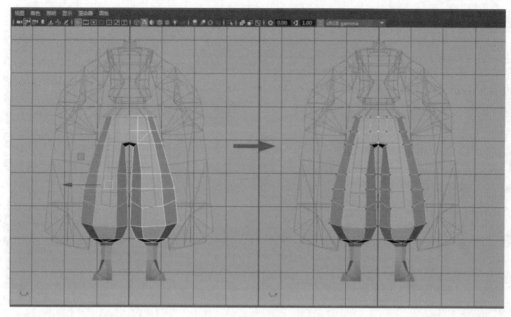

图　8-36

8.1.5　创建饰品

饰品主要包括腰饰(腰带、蝴蝶结、符咒、腰间挂件)、肩饰(珠串和吊坠)、首饰。

视频讲解

Step1　制作腰带模型:建立多边形立方体,设置细分宽度为 2,高度细分数为 2,如图 8-37 所示。

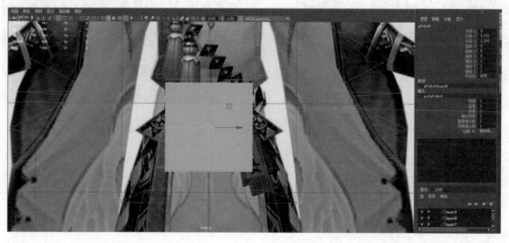

图　8-37

Step2 开启 X 射线显示，执行"合拢边"命令进行缝合点，然后调整点，删掉看不到的面，调整正视图和右视图，如图 8-38 所示。

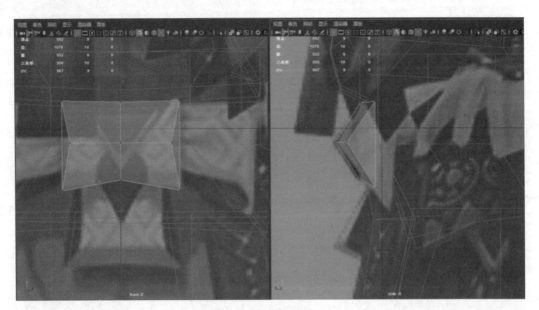

图　8-38

Step3 接着创建多边形立方体，设置细分宽度为 2，如图 8-39 所示。

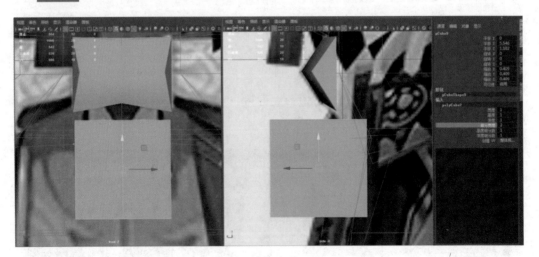

图　8-39

Step4 分别选择立方体上端的点，执行"编辑网格"→"合并"命令，合并缝合点，调整前视图和右视图，如图 8-40 所示。

Step5 选择模型执行"修改"→"居中枢轴"命令，然后移动并旋转 Z 轴为 90°，最后删除中间的线，如图 8-41 所示。

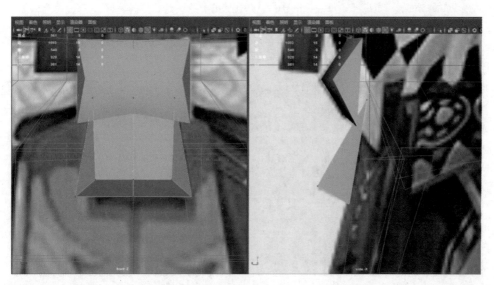

图　　8-40

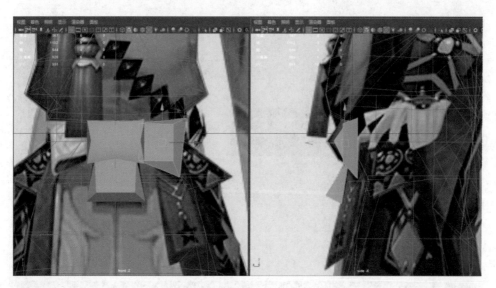

图　　8-41

Step6　选择模型执行"编辑"→"分组"命令,轴心回归在世界坐标系,执行"编辑"→"特殊复制"命令,在"特殊复制选项"对话框中,设置缩放 X 为−1,然后单击"应用"按钮,得到另外一半模型,如图 8-42 所示。

Step7　切换到后视图,创建多边形平面,设置高度为 0.4,细分宽度为 2,如图 8-43 所示。

Step8　开启建模工具包,"对称"选择"X 轴",然后选择边,执行"编辑网格"→"挤出"命令,再选择挤出的边,按住 Shift 键的同时右击,执行"合并/收拢边"→"合并边到中心"命令,如图 8-44 所示。

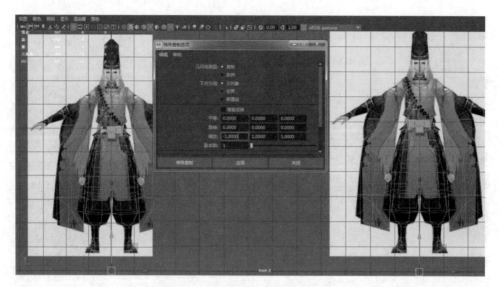

图 8-42

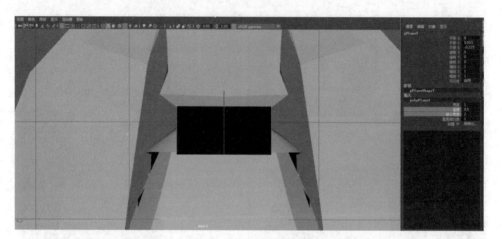

图 8-43

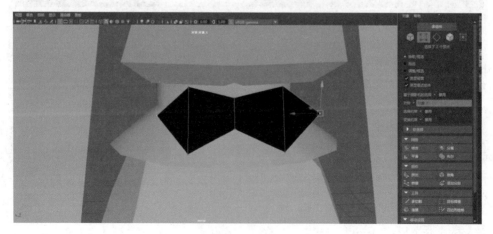

图 8-44

Step9　制作蝴蝶结飘带：创建多边形平面，设置宽度为 0.2，高度细分数为 2，如图 8-45 所示。

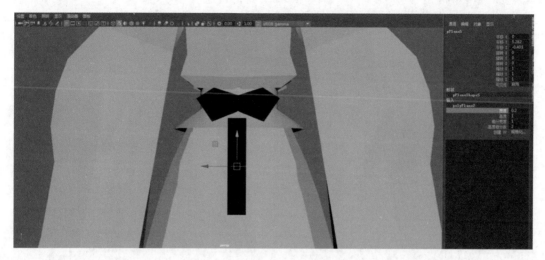

图　8-45

Step10　参照右视图调整飘带模型，如图 8-46 所示。

图　8-46

Step11　选择飘带模型，执行"编辑"→"复制"命令，移动调整得到另外一条飘带，如图 8-47 所示。

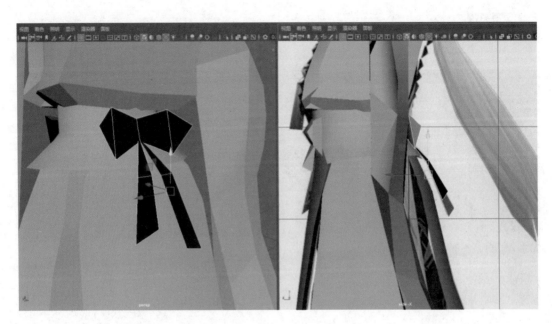

图　8-47

Step12　选择蝴蝶结模型，执行"网格显示"→"反转"命令，如图 8-48 所示。

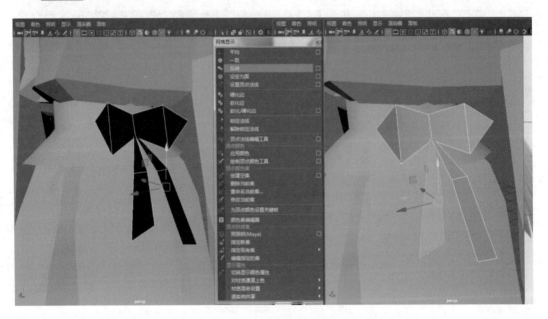

图　8-48

Step13　创建符咒：分别创建 4 个多边形面片，调整前视图和右视图，如图 8-49
所示。

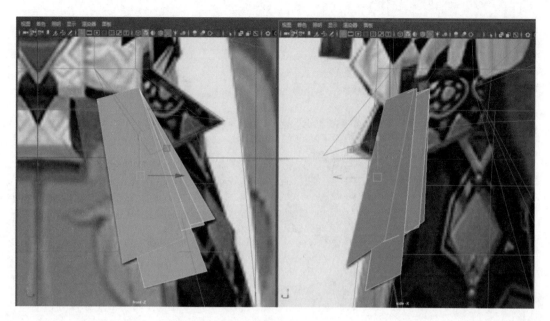

图　8-49

Step14　创建吊坠：创建多边形圆柱体，设置半径为 0.3，高度为 2，轴向细分数为 3，高度细分数为 4，如图 8-50 所示。

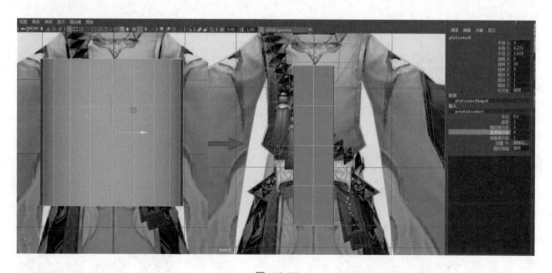

图　8-50

Step15　选择多边形圆柱的边进行调整，调整前视图和右视图，如图 8-51 所示。注意：重叠部分看不到的面需要删除掉。

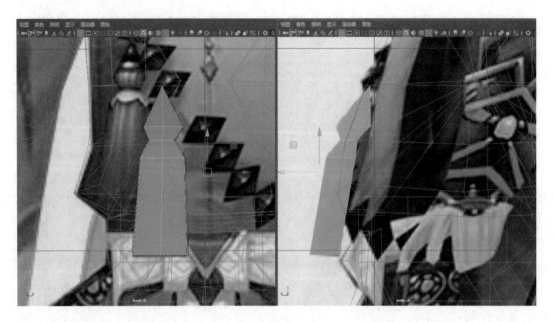

图　8-51

Step16　选择吊坠模型，执行"编辑"→"复制"命令，复制吊坠模型并移动，调整前视图和右视图，如图 8-52 所示。

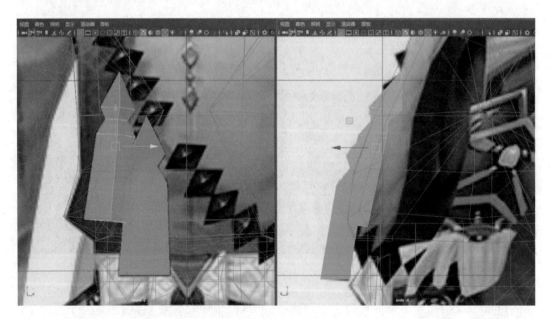

图　8-52

Step17　再次执行"编辑"→"复制"命令，复制吊坠模型，删除吊坠顶端的面并缝合顶端顶点，如图 8-53 所示。

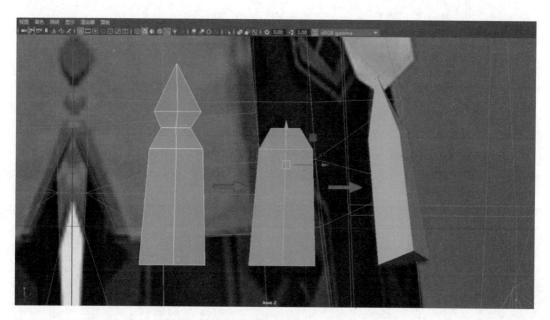

图　8-53

Step18 创建多边形球体,设置轴向细分数为 6,高度细分数为 4,如图 8-54 所示。

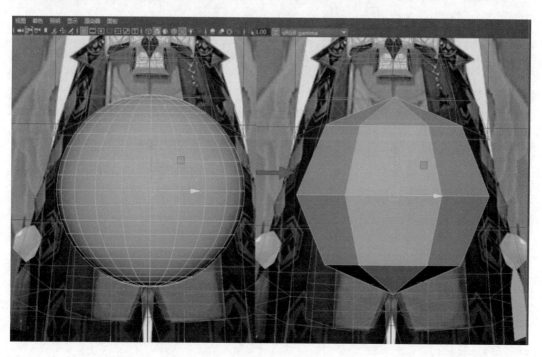

图　8-54

Step19 选择多边形球体,进行缩放、旋转操作,调整前视图和右视图,如图 8-55 所示。

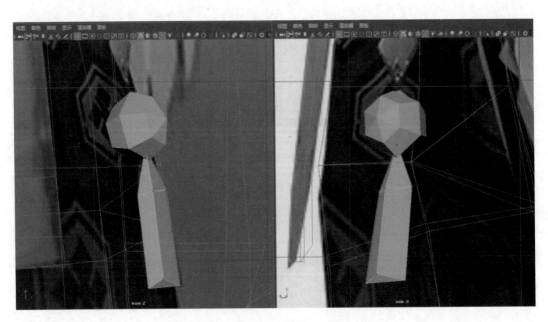

图　8-55

Step20　选择多边形球体，执行"编辑"→"复制"命令，缩小复制球体模型，然后移动调整到合适位置，调整前视图和右视图，如图 8-56 所示。

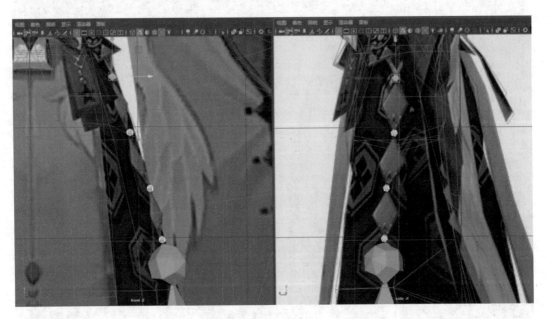

图　8-56

Step21　按空格键切换到右视图，执行"网格工具"→"创建多边形"工具命令绘制出菱形，然后按 Enter 键确认，如图 8-57 所示。

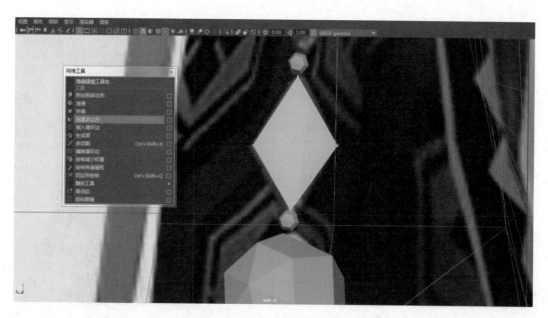

图　8-57

Step22　选择绘制的菱形模型，执行"网格工具"→"多切割"工具命令，添加线，调整前视图和右视图，如图 8-58 所示。

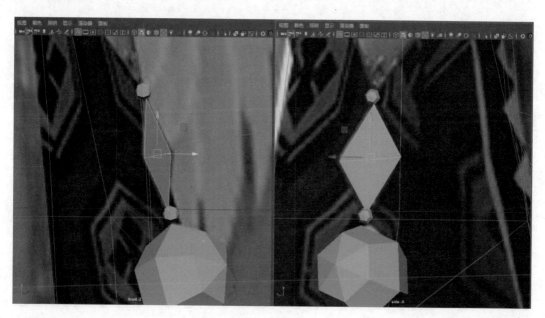

图　8-58

Step23　选择创建好的菱形模型，执行"编辑"→"复制"命令，连续复制菱形，移动到合适位置，调整前视图和右视图，如图 8-59 所示。

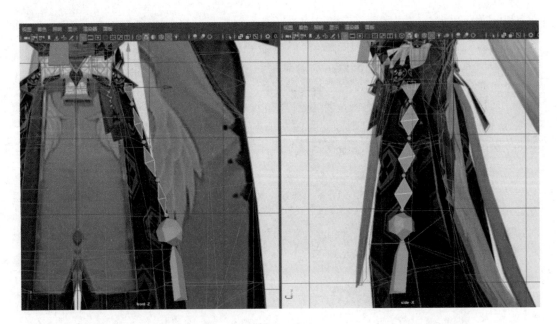

图 8-59

Step24 按空格键切换到前视图，选择腰部吊坠模型，执行"编辑"→"分组"命令，轴心回归到世界坐标系，如图 8-60 所示。

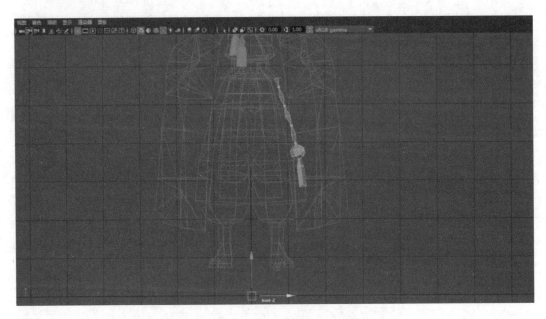

图 8-60

Step25 选择吊坠模型组级别，执行"编辑"→"特殊复制"命令，设置缩放 X 改为－1，然后单击"应用"按钮，如图 8-61 所示。

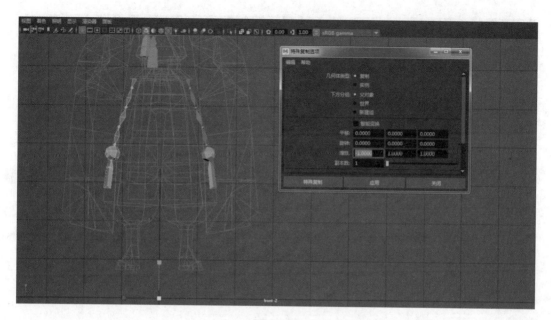

图　8-61

Step26　建立珠子模型：创建一个多边形棱锥体，对照参考图调整如图 8-62 所示。

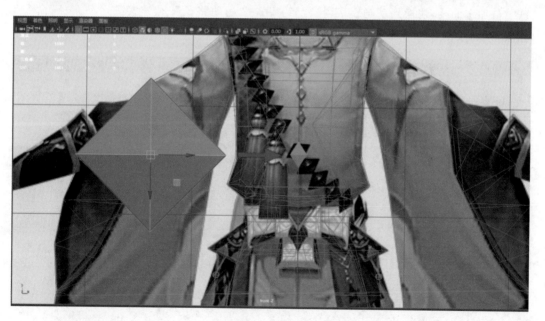

图　8-62

Step27　执行"创建"→"NURBS 基本体"→"圆形"命令，创建 NURBS 圆形，调整前视图和侧视图，如图 8-63 所示。

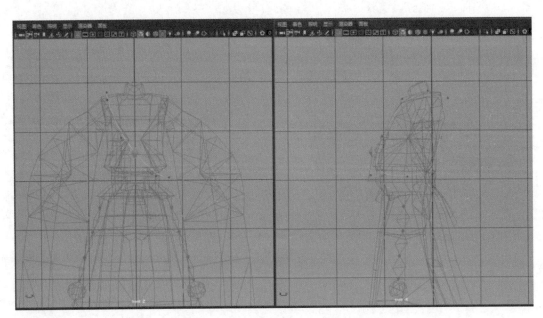

图　8-63

Step28　选择珠子和 NURBS 曲线，执行"冻结变换"和"删除历史记录"命令，然后选珠子再加选曲线，切换到动画模块，执行"约束"→"运动路径"→"连接到运动路径"命令，如图 8-64 所示。

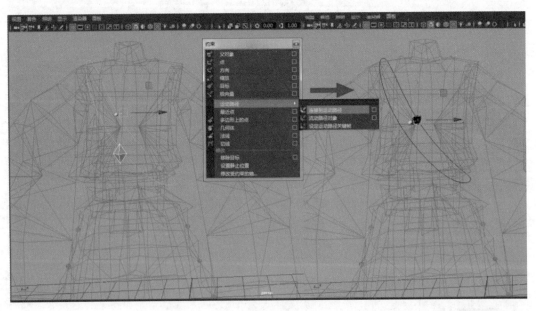

图　8-64

Step29　继续选择珠子模型，执行"可视化"→"快照"→"动画快照"命令，在"动画快照选项"对话框中设置"增量"为 2.5，单击"应用"按钮，如图 8-65 所示。

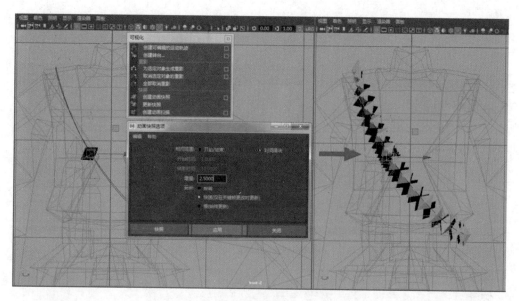

图　8-65

Step30　框选所有珠子,执行"修改"→"居中枢轴"命令,然后分别选择单个珠子进行旋转调整,前视图和右视图如图 8-66 所示。详细操作请参看配套的微课视频。

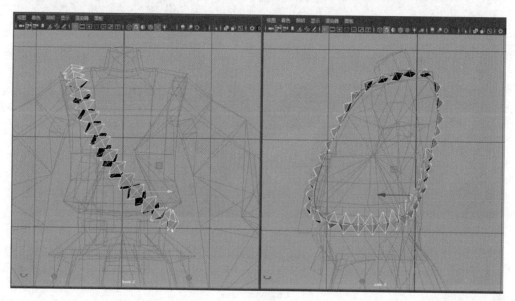

图　8-66

8.1.6　创建胳膊与手掌

Step1　创建多边形圆柱体,设置半径为 0.3,轴向细分数为 6,高度细分数为 2,如图 8-67 所示。

视频讲解

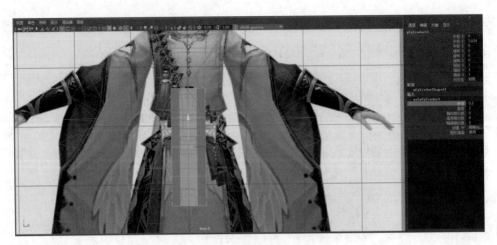

图 8-67

Step2 旋转调整多边形圆柱体作为大臂模型，调整前视图与右视图，如图 8-68 所示。详细操作请参看配套的微课视频。

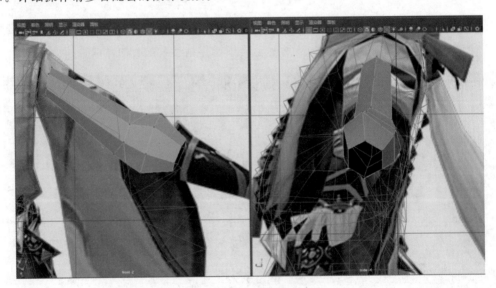

图 8-68

Step3 在大臂模型的基础上选择边，执行"挤出边"命令，挤出前臂护腕模型参考图如图 8-69 所示。

Step4 在护腕模型基础上继续执行"挤出边"命令，挤出手掌，双击手腕处环线，按住 Shift 键的同时右击，执行"填充洞"命令，然后执行"网格工具"→"多切割"工具命令添加线，如图 8-70 所示。

Step5 选择面，执行"挤出面"操作，然后执行"网格工具"→"多切割"工具命令添加线，划分出食指和其他手指，调整前视图和右视图，如图 8-71 所示。

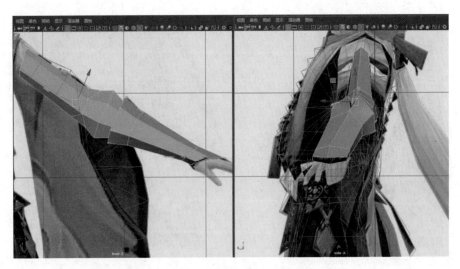

图　8-69

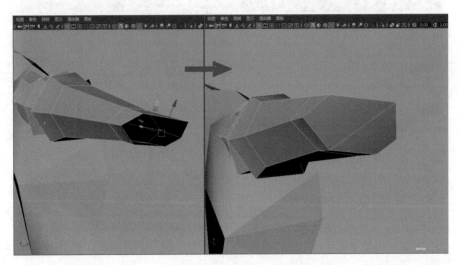

图　8-70

提示　游戏角色的手一般是单独创建拇指和食指模型或者单独创建拇指模型,其他手指模型靠贴图表现。

Step6　选择手掌食指位置的面和其他手指位置的面,分别执行"挤出面"命令,挤出食指和其他手指,如图 8-72 所示。详细操作请参看配套的微课视频。

Step7　选择手掌大拇指位置的面,执行"挤出面"命令,挤出大拇指模型,手掌造型调整如图 8-73 所示。详细操作请参看配套的微课视频。

提示　大拇指是从手掌的侧面伸出来的,和手掌间有一个倾斜角度。

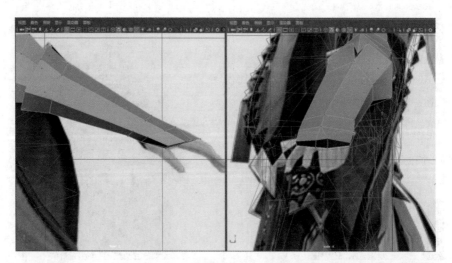

图　8-71

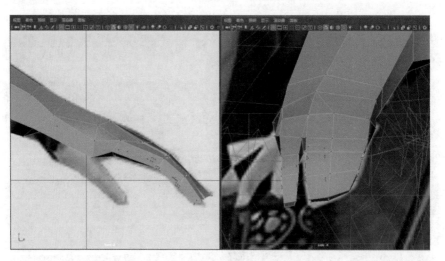

图　8-72

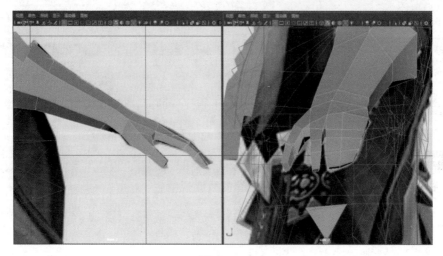

图　8-73

Step8　切换到前视图,选择胳膊模型,执行"编辑"→"分组"命令,轴心回归到世界坐标系,如图 8-74 所示。

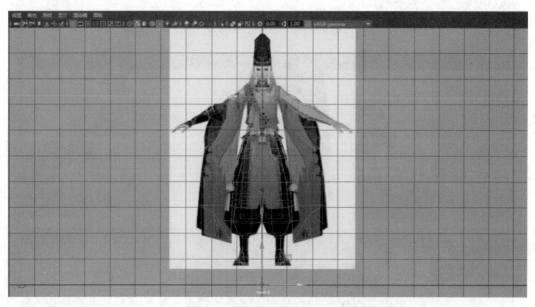

图　8-74

Step9　选择胳膊模型,执行"编辑"→"特殊复制"命令,设置缩放 X 改为－1,然后单击"应用"按钮,如图 8-75 所示。

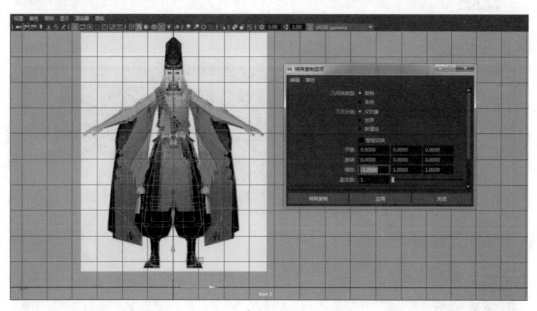

图　8-75

视频讲解

8.1.7 创建头部

Step1 执行"创建"→"多边形基本体"→"立方体"命令,建立一个多边形立方体,作为游戏角色头部基本形,如图 8-76 所示。

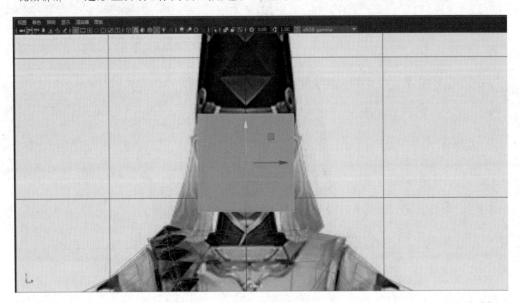

图 8-76

Step2 选择立方体,执行"网格"→"平滑"命令,把立方体平滑一级,之后删除立方体的一半,选择一半立方体,执行"编辑"→"特殊复制"命令,在"特殊复制选项"对话框中设置"几何体类型"为"实例",缩放 X 改为−1,然后单击"应用"按钮,如图 8-77 所示。

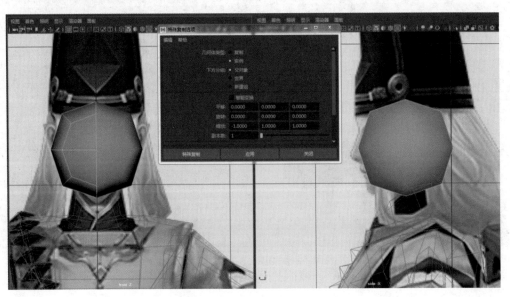

图 8-77

Step3　将立方体前后面进行顶点调整,然后对立方体进行前视图和右视图对位,如图 8-78 所示。

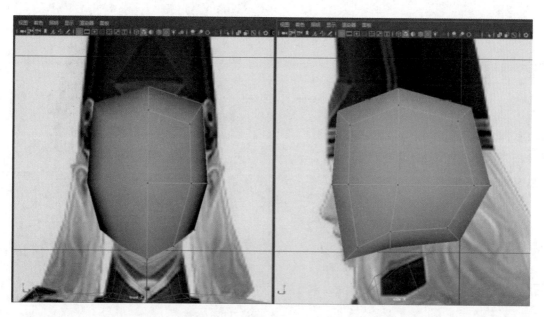

图　8-78

Step4　执行"网格工具"→"多切割"工具命令添加线,确定出头部三庭五眼的比例关系,然后调整头部布线,使其过渡更加圆滑,如图 8-79 所示。

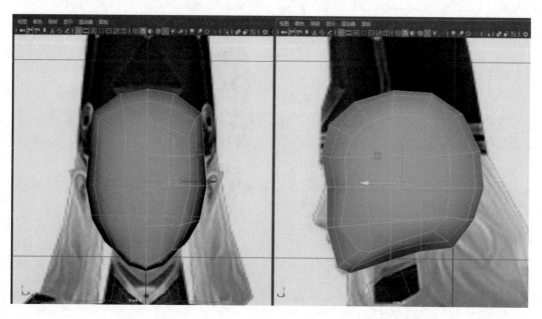

图　8-79

Step5 调整头部模型的线，确定出鼻子的位置，并调整出脸颊的基本弧度，如图 8-80 所示。

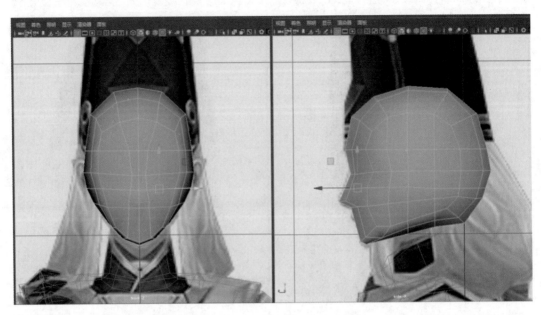

图 8-80

Step6 按空格键切换到前视图，执行"网格工具"→"多切割"工具命令添加线，调整出眼睛和鼻子的大体位置，如图 8-81 所示。

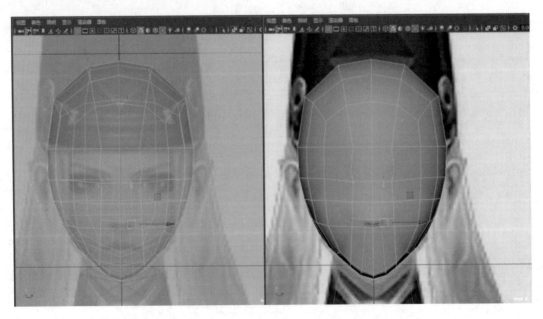

图 8-81

Step7　如图8-82所示，执行"网格工具"→"多切割"工具命令，继续添加线，确定出眼睛和颧骨位置。

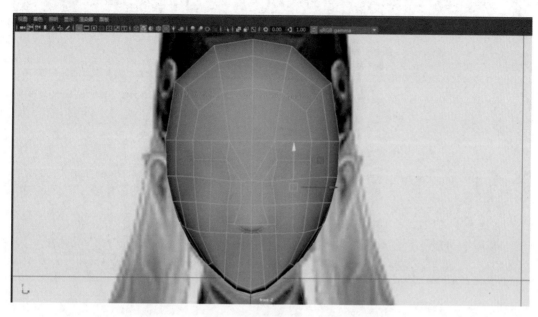

图　8-82

Step8　继续执行"网格工具"→"多切割"工具命令，在眼睛与眼眶之间添加线，对照参考图中的眼睛比例，调整出眼睛的形状，如图8-83所示。

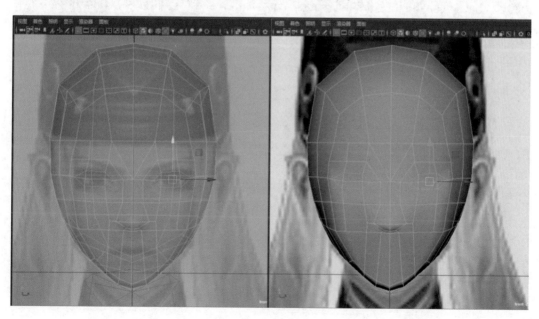

图　8-83

Step9 调整眼睛的布线，使其按照眼轮匝肌的结构进行布线，如图 8-84 所示。

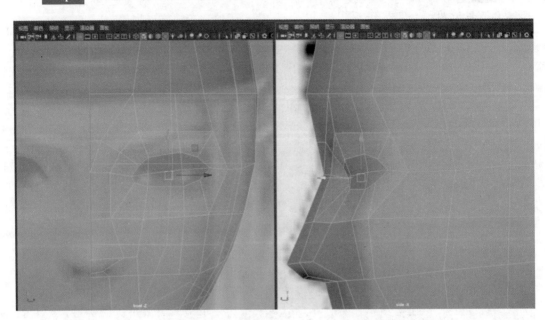

图　8-84

Step10 确定出嘴巴的位置，执行"网格工具"→"多切割"工具命令，如图 8-85 所示。

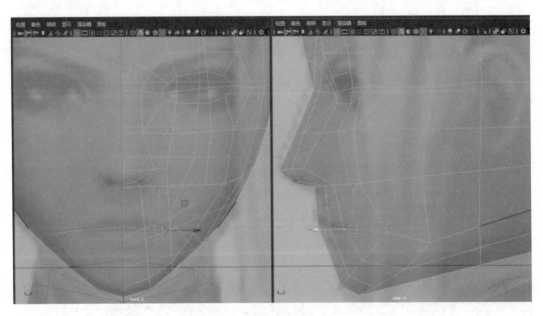

图　8-85

Step11　执行"网格工具"→"多切割"工具命令，添加线并调整出嘴巴的轮廓，如图 8-86 所示。

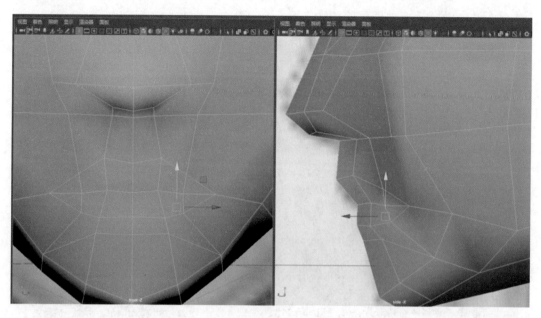

图　8-86

Step12　执行"网格工具"→"多切割"工具命令，添加线来丰富嘴唇的布线，使其按照嘴轮匝肌的结构布线，上唇略突出于下唇，如图 8-87 所示。

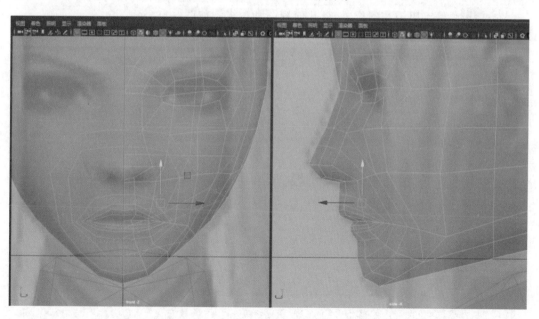

图　8-87

提示　嘴部是脸部最活跃的区域，环状的口轮匝肌和放射状的提肌可以实现丰富的表情动画，因此嘴部的布线相对密集。

Step13　执行"网格工具"→"多切割"工具命令，添加一条鼻梁线，如图 8-88 所示。

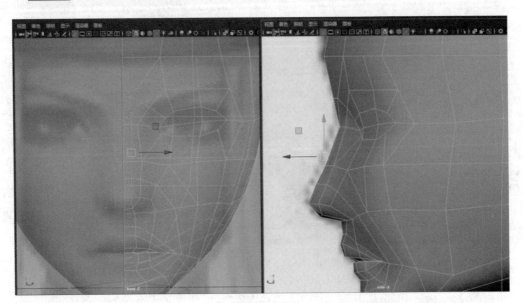

图　8-88

Step14　确定出鼻孔的位置，鼻孔前视图和透视图如图 8-89 所示。

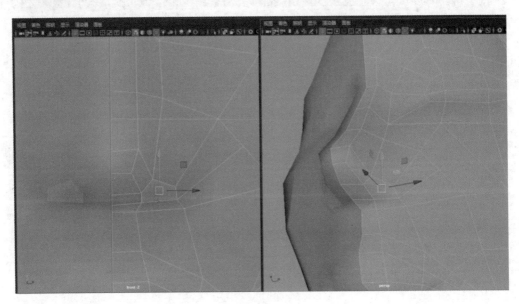

图　8-89

Step15 鼻子布线的前视图和右视图如图 8-90 所示。

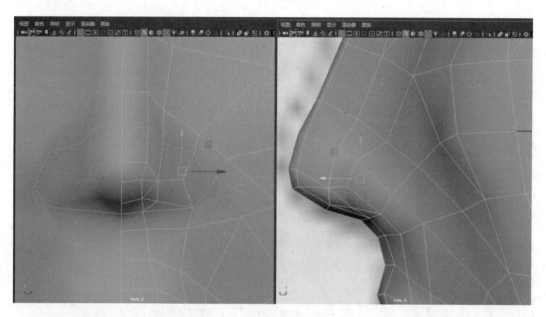

图　8-90

Step16 对照参考图对头部进行布线，调整脸部颧骨，如图 8-91 所示。

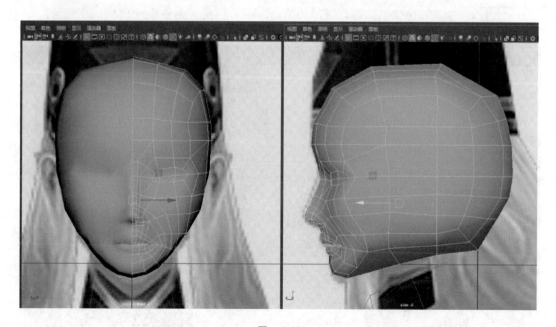

图　8-91

Step17 执行"网格工具"→"多切割"工具命令，添加线调整出耳朵的位置，如图 8-92 所示。

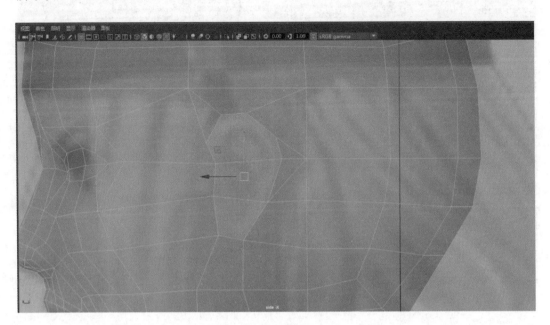

图 8-92

Step18 选择耳朵位置的面，执行"挤出面"命令，挤出耳朵的厚度，如图 8-93 所示。

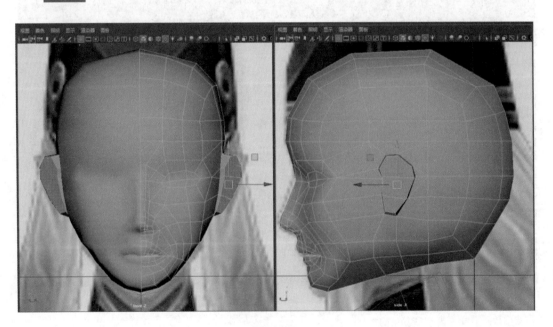

图 8-93

Step19　调整耳朵的形状,调整耳朵布线使其更加合理,如图 8-94 所示。

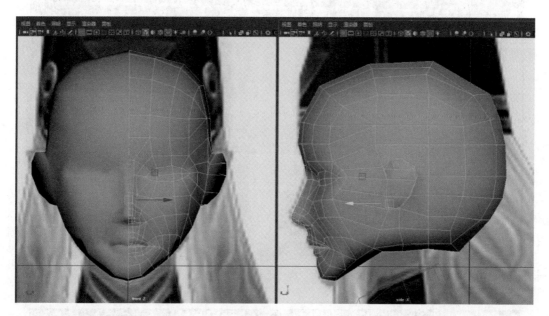

图　8-94

Step20　选择脖子的面,执行"挤出面"命令,挤出脖子模型,如图 8-95 所示。

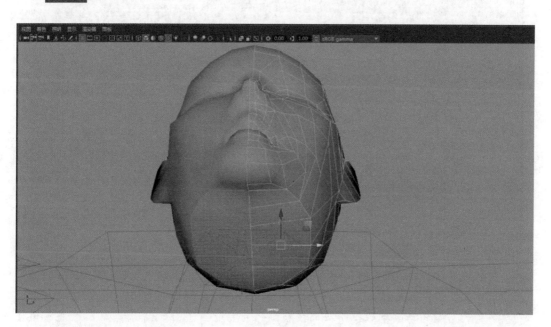

图　8-95

Step21　调整头部模型整体布线,前视图和右视图如图 8-96 所示。

Step22　头部造型完成,前视图和右视图布线参考如图 8-97 所示。

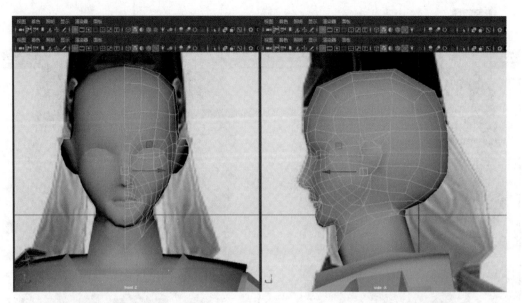

图 8-96

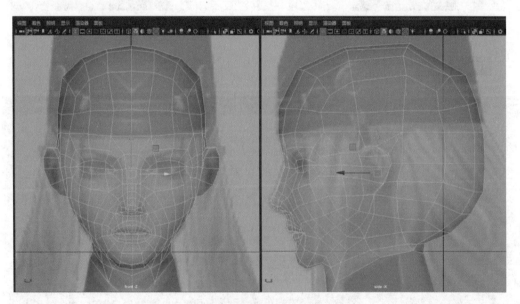

图 8-97

提示　在游戏中，角色的头部非常引人注目，就像现实生活中观察一个人，注意力往往集中在头部。因此，游戏人物头部的制作是整个角色模型的重点和难点，它的好坏直接影响到后期的动画制作。而头部模型制作的关键在于面部（眼睛、鼻子、嘴巴和耳朵），其中眼睛和耳朵通常可以利用贴图来表现，鼻子和嘴巴上增加一些细节是很有必要的。

8.1.8 创建头发与发套

视频讲解

Step1 制作两鬓的头发：建立一个多边形面片，并且设置分段，调整形状，如图 8-98 所示。

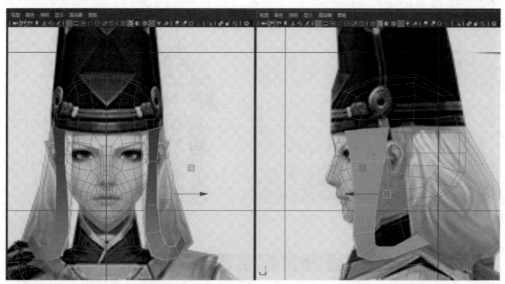

图 8-98

Step2 制作后面的飘发：切换到后视图，创建多边形圆柱体，设置半径为 0.4，高度为 1.2，轴向细分数为 8，高度细分数为 3，如图 8-99 所示。

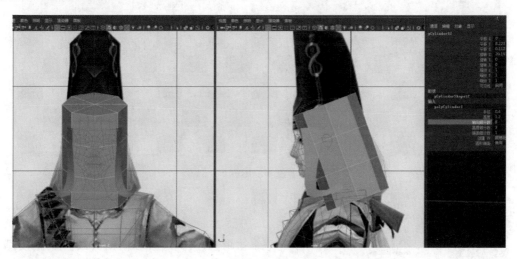

图 8-99

Step3 在后视图和右视图调整后面飘发的形状，如图 8-100 所示。

Step4 制作发套：切换到后视图，创建立方体，对其执行"挤出面"命令，然后调整造型，如图 8-101 所示。

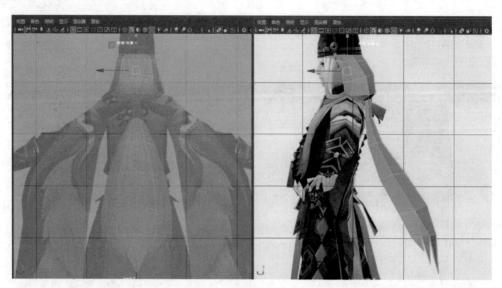

图 8-100

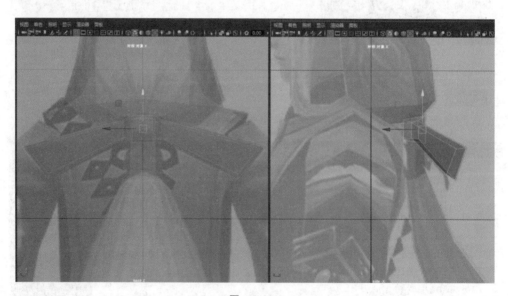

图 8-101

视频讲解

8.1.9　创建帽子

Step1　创建帽子：建立多边形圆柱体，设置轴向细分数为 6，高度细分数为 3，如图 8-102 所示。

Step2　建模工具包启用"对称"，选择"对象 X"，如图 8-103 所示。

Step3　开启 X 射线，初步调整帽子大形，删除帽子底端的面，如图 8-104 所示。

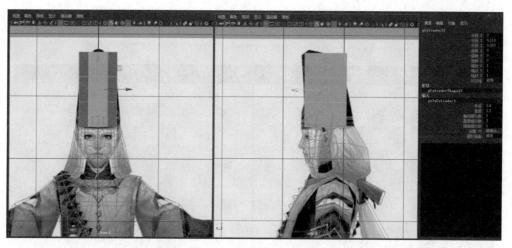

图 8-102

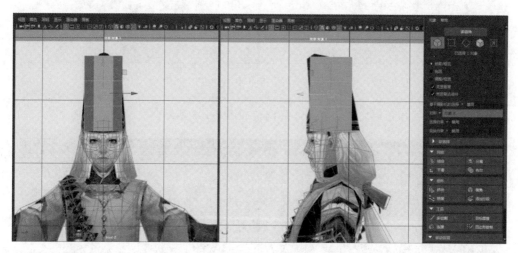

图 8-103

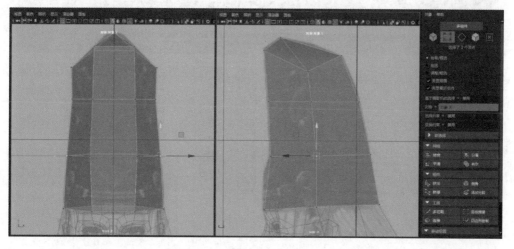

图 8-104

Step4 执行"网格工具"→"多切割"工具命令，添加线，帽子造型调整如图 8-105 所示。

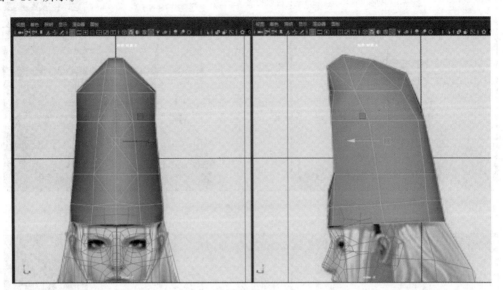

图 8-105

Step5 晴明角色模型 4 个视图最终调整如图 8-106 所示。

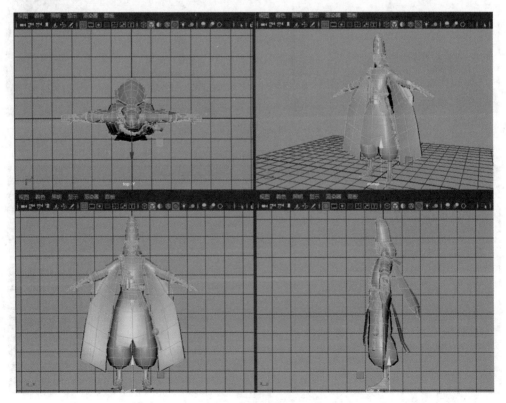

图 8-106

Step6　晴明角色模型线框布线图如图 8-107 所示。晴明角色模型材质贴图和灯光渲染效果如图 8-108 所示。

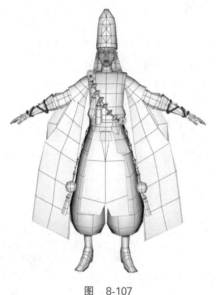

图　8-107

图　8-108

8.2 习　　题

（1）应用多边形建模技术练习创建游戏角色晴明模型。

（2）应用多边形建模技术创建本章附赠的游戏角色模型，本章附赠的游戏角色原画设计图如图 8-109 所示。制作要求：模型合理布线，尽量用最少的多边形面数来塑造模型，熟练掌握游戏角色建模的方法与技巧。

图　8-109

参 考 文 献

[1] 伍福军,张巧玲.Maya 2017 三维动画建模案例教程[M].北京:电子工业出版社,2017.

[2] 灌木动漫.动漫秀场最新版 3:漫画素描技法 Q 版篇[M].北京:人民邮电出版社,2015.

[3] 杨庆钊.突破平面 Maya 建模材质渲染深度剖析[M].北京:清华大学出版社,2014.

[4] 吕江,朱晓飞.卡通造型设计[M].大连:大连理工大学出版社,2012.

[5] 史天赫,等.角色全解:三维卡通角色动画制作流程详解[M].上海:东华大学出版社,2008.

[6] 王其钧.中国建筑图解词典[M].北京:机械工业出版社,2007.